Ausbildung gestalten

Spezialtiefbauer/Spezialtiefbauerin

Tiefbaufacharbeiter/ Tiefbaufacharbeiterin

Schwerpunkt Brunnenbau- und Spezialtiefbauarbeiten

Informationen für

- Ausbilder und Ausbilderinnen
- Auszubildende
- Berufsschullehrer und Berufsschullehrerinnen
- Prüfer und Prüferinnen

Impressum

Herausgeber:

Bundesinstitut für Berufsbildung
Friedrich-Ebert-Allee 114–116
53113 Bonn
https://www.bibb.de

Konzeption und Redaktion:

Daniel Schreiber
Bundesinstitut für Berufsbildung
schreiber@bibb.de

Kerstin Jonas
Bundesinstitut für Berufsbildung
jonas@bibb.de

Annette Pohl
Bundesinstitut für Berufsbildung
annette.pohl@bibb.de

Kristina Schäfer
Bundesinstitut für Berufsbildung
kristina.schaefer@bibb.de

Petra Fitzner-Kohn
Bundesinstitut für Berufsbildung
fitzner-kohn@bibb.de

Jennifer Wintgens
Bundesinstitut für Berufsbildung
jennifer.wintgens@bibb.de

Bibliografische Information der Deutschen Nationalbibliothek:

Die Deutsche Nationalbibliothek verzeichnet diese Publikation in der Deutschen Nationalbibliografie; detaillierte bibliografische Daten sind im Internet über http://dnb.dnb.de abrufbar.

urn:nbn:de:
ISBN: 978-3-8474-2847-3 (Print)
ISBN: 978-3-96208-474-5 (PDF)

Gesamtherstellung:

Verlag Barbara Budrich
Stauffenbergstraße 7
51379 Leverkusen
https://www.budrich.de
info@budrich.de

Mit freundlicher Unterstützung von:

Sekretariat der Kultusministerkonferenz, https://www.kmk.org

Gedruckt auf umweltfreundlichem Papier

Vorwort

Ausbildungsforschung und Berufsbildungspraxis im Rahmen von Wissenschaft – Politik – Praxis – Kommunikation sind Voraussetzungen für moderne Ausbildungsordnungen, die im Bundesinstitut für Berufsbildung erstellt werden. Entscheidungen über die Struktur der Ausbildung, über die zu fördernden Kompetenzen und über die Anforderungen in den Prüfungen sind das Ergebnis eingehender fachlicher Diskussionen der Sachverständigen mit BIBB-Experten und -Expertinnen.

Um gute Voraussetzungen für eine reibungslose Umsetzung neuer Ausbildungsordnungen im Sinne der Ausbildungsbetriebe wie auch der Auszubildenden zu schaffen, haben sich Umsetzungshilfen als wichtige Unterstützung in der Praxis bewährt. Die Erfahrungen der „Ausbildungsordnungsmacher“ aus der Erneuerung beruflicher Praxis, die bei der Entscheidung über die neuen Kompetenzanforderungen wesentlich waren, sind deshalb auch für den Transfer der neuen Ausbildungsordnung und des Rahmenlehrplans für den Beruf Tiefbaufacharbeiter bzw. Tiefbaufacharbeiterin mit Schwerpunkt Brunnenbau- und Spezialtiefbauarbeiten sowie den Beruf Spezialtiefbauer/-in in die Praxis von besonderem Interesse.

Vor diesem Hintergrund haben sich die Beteiligten dafür entschieden, gemeinsam verschiedene Materialien zur Unterstützung der Ausbildungspraxis zu entwickeln. In der vorliegenden Handreichung werden die Ergebnisse der Neuordnung und die damit verbundenen Ziele und Hintergründe aufbereitet und anschaulich dargestellt. Dazu werden praktische Handlungshilfen zur Planung und Durchführung der betrieblichen und schulischen Ausbildung angeboten.

Ich wünsche mir weiterhin eine umfassende Verbreitung bei allen, die mit der dualen Berufsausbildung befasst sind, sowie bei den Auszubildenden selbst. Den Autoren und Autorinnen gilt mein herzlicher Dank für ihre engagierte und qualifizierte Arbeit.

Bonn, im Januar 2025
Prof. Dr. Friedrich Hubert Esser
Präsident Bundesinstitut für Berufsbildung

Inhaltsverzeichnis

! Die berufsbezogenen Inhalte dieser Umsetzungshilfe geben den Sachstand nach abgeschlossener Neuordnung des Berufs 2023 sowie der Änderungsverordnung von Dezember 2024 wieder. Aktuelle Informationen und eventuell erfolgte Änderungen der gesetzlichen Vorgaben finden Sie unter:

- Tiefbaufacharbeiter/-in (Schwerpunkt Brunnenbau- und Spezialtiefbauarbeiten)
  [https://www.bibb.de/dienst/berufesuche/de/index_berufesuche.php/profile/apprenticeship/vcx111]
- Spezialtiefbauer/-in
  [https://www.bibb.de/dienst/berufesuche/de/index_berufesuche.php/profile/apprenticeship/vgt159]

Farbleitsystem mit Berufszuordnung

TB	Tief**b**auberufe = Tiefbaufacharbeiter/-in (Schwerpunkt Brunnenbau- und Spezialtiefbauarbeiten) und Spezialtiefbauer/-in
TF	Tiefbau**f**acharbeiter/-in (Schwerpunkt Brunnenbau- und Spezialtiefbauarbeiten)
SP	**Sp**ezialtiefbauer/-in

1 Informationen zum Ausbildungsberuf

TB

1.1 Warum eine Neuordnung und was ist neu?

In den letzten Jahren haben sich die Anforderungen an die Berufe der Bauwirtschaft sowohl beim Neubau als auch beim Bauen im Bestand zunehmend verändert. Durch technische Fortschritte sowie gestiegene Anforderungen des Umwelt- und Verbraucherschutzes wurde eine Anpassung der Ausbildungsinhalte notwendig. Maßnahmen zur Energieeinsparung und Vermeidung von CO_2-Emissionen im Sinne des Klimaschutzes, nachhaltige Baumaterialien oder neue Anforderungen im Zusammenhang mit dem Brandschutz erforderten eine Weiterentwicklung der Berufsbilder. Gebäude werden „smarter" und technische Anlagen, Werkzeuge und Maschinen immer vernetzter. Das verändert auch die Kompetenzanforderungen an Fachkräfte am Bau.
Gegenstand der Ausbildungsverordnung der Bauwirtschaftsberufe sind insgesamt 19 Berufe aus den Bereichen Ausbau, Hochbau und Tiefbau. Davon sind drei Ausbildungsberufe zweijährig und 16 Berufe dreijährig. Die Ausbildungsordnung für den Beruf Tiefbaufacharbeiter/-in (Schwerpunkt Brunnenbau- und Spezialtiefbauarbeiten) sowie für den Beruf Spezialtiefbauer/-in ist Teil der Verordnung zu den Bauwirtschaftsberufen im Bereich Tiefbau.

Wie ist die betriebliche Ausbildung strukturiert?

Die Ausbildung zum Spezialtiefbauer und zur Spezialtiefbauerin ist vom Allgemeinen zum Speziellen aufgebaut.

- Im ersten Ausbildungsjahr erfolgt eine berufsfeldübergreifende Ausbildung im Sinne einer beruflichen Grundbildung. Dabei lernen die Auszubildenden die grundlegenden Arbeitsschritte in den Bereichen Hochbau und Tiefbau kennen. Im Rahmen von zehn Wochen werden schwerpunktmäßige Ausbildungsinhalte im Beruf vermittelt.
- Im zweiten Ausbildungsjahr stehen der berufliche Schwerpunkt und die bereichsspezifische Ausbildung im Vordergrund. Die schwerpunktmäßige Ausbildung macht 16 Wochen der Ausbildungszeit aus. Der Beruf Spezialtiefbauer/-in hat in den ersten beiden Ausbildungsjahren einen gemeinsamen Schwerpunkt mit dem Beruf Brunnenbauer/-in.
- Das dritte Ausbildungsjahr ist berufsspezifisch ausgestaltet.

Die Ausbildung zum Tiefbaufacharbeiter und zur Tiefbaufacharbeiterin im Schwerpunkt Brunnenbau- und Spezialtiefbauarbeiten ist identisch mit den ersten beiden Ausbildungsjahren des Berufs Spezialtiefbauer/-in.

Überbetriebliche Ausbildung

Ergänzt und vertieft wird die betriebliche Ausbildung in überbetrieblichen Bildungsstätten. Das Heinz-Piest-Institut für Handwerkstechnik erarbeitet dafür die Unterweisungspläne. Auszubildende sind verpflichtet, an der überbetrieblichen Ausbildung teilzunehmen.
Im Beruf Tiefbaufacharbeiter/-in im Schwerpunkt Brunnenbau- und Spezialtiefbauarbeiten umfasst die überbetriebliche Ausbildung mindestens 24 Wochen und kann um bis zu fünf Wochen erweitert werden.
Im Beruf Spezialtiefbauer/-in umfasst die überbetriebliche Ausbildung mindestens 30 Wochen und kann um bis zu neun Wochen erweitert werden.

Berufsschulischer Unterricht

Für den berufsschulischen Teil der dualen Berufsausbildung wurden die Rahmenlehrpläne komplett überarbeitet. Der neue Rahmenlehrplan und die darin enthaltenen Lernfelder sind mit den betrieblichen Ausbildungsinhalten abgestimmt. Diese Abstimmung wird in der Entsprechungsliste dokumentiert.

Prüfungsform Gestreckte Abschlussprüfung

Für den dreijährigen Ausbildungsberuf Spezialtiefbauer/-in wurde die „Gestreckte Abschlussprüfung" neu eingeführt, die in zwei zeitlich auseinanderfallenden Teilen durchgeführt wird.
Ziel der „gestreckten" Prüfungsform ist es, die Auszubildenden zu motivieren und bereits in Teil 1 Leistungen zu erbringen, die für die Endnote relevant sind. Außerdem verringert sich der Prüfungsaufwand für Auszubildende, Ausbilder/-innen und Prüfer/-innen.
Neu für den Beruf Spezialtiefbauer/-in ist das Auftragsbezogene Fachgespräch im Rahmen der praktischen Prüfung in Teil 2.
Teil 1 der Prüfung ist identisch mit der Gesellen- oder Abschlussprüfung des Tiefbaufacharbeiters und der Tiefbaufacharbeiterin im Schwerpunkt Brunnenbau- und Spezialtiefbauarbeiten. Diese Struktur ermöglicht die Anrechnung von Prüfungsleistungen und Ausbildungszeiten, sodass Auszubildende des zweijährigen Berufs bei erfolgreich bestandener Prüfung die Ausbildung im dritten Ausbildungsjahr des dreijährigen Berufs fortsetzen können. Des Weiteren gibt es die Möglichkeit, den Abschluss Tiefbaufacharbeiter/-in anerkennen zu lassen, wenn Prüflinge Teil 2 der „Gestreckten Abschlussprüfung" nicht bestehen.

TB

1.2 Strukturmerkmale der Berufe im Bereich Tiefbau

Innerhalb der Bauwirtschaftsverordnung ist der Beruf Spezialtiefbauer/-in einer von sechs Berufen im Bereich Tiefbau. Folgende Übersicht verdeutlicht die Strukturen.

<table>
<tr><th></th><th>1. Ausbildungsjahr</th><th>2. Ausbildungsjahr</th><th>3. Ausbildungsjahr</th></tr>
<tr><td rowspan="6">Zweijähriger Ausbildungsberuf
Tiefbaufacharbeiter/-in</td><td colspan="3">Ausbildungsinhalte:</td></tr>
<tr><td>übergreifende Inhalte
Inhalte im Hochbau
Inhalte im Tiefbau</td><td>übergreifende Inhalte im Bereich
Inhalte im Schwerpunkt</td><td rowspan="2"></td></tr>
<tr><td colspan="2">Standardberufsbildpositionen</td></tr>
<tr><td colspan="3">Prüfung:</td></tr>
<tr><td>Zwischenprüfung
ein Prüfungsbereich
praktische und schriftliche Aufgaben
Das Ergebnis fließt nicht in die Endnote ein.</td><td>Gesellen- oder Abschlussprüfung
drei Prüfungsbereiche, inkl. Wirtschafts- und Sozialkunde
praktische und schriftliche Aufgaben</td><td>Bei erfolgreichem Bestehen der Gesellen- oder Abschlussprüfung kann die Ausbildung im dritten Ausbildungsjahr im dreijährigen Beruf fortgesetzt werden, wenn der oder die Auszubildende und der Betrieb sich einig sind.</td></tr>
<tr><td colspan="3"></td></tr>
<tr><td>Anrechnungsmodell</td><td colspan="3">Die Ausbildungszeiten sowie das Ergebnis der Gesellen- oder Abschlussprüfung werden für die weiterführende Ausbildung im dreijährigen Beruf angerechnet.</td></tr>
<tr><td rowspan="5">Dreijährige Ausbildungsberufe im Bereich Tiefbau:
Straßenbauer/-in
Kanalbauer/-in für Infrastrukturtechnik
Leitungsbauer/-in für Infrastrukturtechnik
Brunnenbauer/-in
Spezialtiefbauer/-in
Gleisbauer/-in</td><td colspan="3">Ausbildungsinhalte:</td></tr>
<tr><td>berufsfeldübergreifende Inhalte
Inhalte im Hochbau
Inhalte im Tiefbau</td><td>berufsfeldübergreifende Inhalte
gemeinsame Inhalte im Bereich
berufsspezifische Inhalte</td><td>berufsspezifische Inhalte</td></tr>
<tr><td colspan="3">Standardberufsbildpositionen</td></tr>
<tr><td colspan="3">Prüfung:</td></tr>
<tr><td>keine Prüfung nach einem Jahr</td><td>„Gestreckte Abschlussprüfung“ Teil 1
(im vierten Ausbildungshalbjahr)
ein Prüfungsbereich in zwei Teilen
praktische und schriftliche Aufgaben
Das Ergebnis fließt mit 40 % in die Endnote ein.</td><td>„Gestreckte Abschlussprüfung“ Teil 2
(am Ende der Berufsausbildung)
vier Prüfungsbereiche, inkl. Wirtschafts- und Sozialkunde
praktische Aufgabe mit Dokumentation und Auftragsbezogenes Fachgespräch
schriftliche Aufgaben</td></tr>
<tr><td>Rückfalloption</td><td colspan="3">Bei Nichtbestehen von Teil 2 der „Gestreckten Abschlussprüfung“ werden das Ergebnis von Wirtschafts- und Sozialkunde (Teil 2) sowie das Ergebnis von Teil 1 der „Gestreckten Abschlussprüfung“ angerechnet und auf Antrag kann der Berufsabschluss im zweijährigen Beruf erworben werden.</td></tr>
<tr><td colspan="4">Überbetriebliche Ausbildung</td></tr>
<tr><td></td><td>mindestens 13 Wochen
maximal 16 Wochen</td><td>mindestens 11 Wochen
maximal 13 Wochen</td><td>mindestens 6 Wochen
maximal 10 Wochen</td></tr>
</table>

2 Ausbildungsordnung und Ausbildungsrahmenplan

2.1 Paragrafen der Ausbildungsordnung

Die Berufe Tiefbaufacharbeiter/-in (Schwerpunkt Brunnenbau- und Spezialtiefbauarbeiten) sowie Spezialtiefbauer/-in werden zusammen mit den anderen Berufen des Bereichs Tiefbau in einer Ausbildungsordnung verordnet. Zur besseren Übersicht über die Berufe werden hier nur die Paragrafen und Ausbildungsinhalte dargestellt, die die Ausbildung zum Tiefbaufacharbeiter und zur Tiefbaufacharbeiterin (Schwerpunkt Brunnenbau- und Spezialtiefbauarbeiten) sowie zum Spezialtiefbauer und zur Spezialtiefbauerin betreffen. Dadurch kann es bei den Nummerierungen von Paragrafen und Absätzen zu Sprüngen und Auslassungen […] kommen. Die Änderungsverordnung vom 17. Dezember 2024 wurde berücksichtigt.

Verordnung zur Neuordnung der Ausbildung in der Bauwirtschaft

Vom 3. Juni 2024

Auf Grund

- des § 25 Absatz 1 Satz 1 der Handwerksordnung, der zuletzt durch Artikel 2 Nummer 1 des Gesetzes vom 9. November 2022 (BGBl. I S. 2009) geändert worden ist, und
- des § 4 Absatz 1 des Berufsbildungsgesetzes in der Fassung der Bekanntmachung vom 4. Mai 2020 (BGBl. I S. 920) in Verbindung mit § 1 Absatz 2 des Zuständigkeitsanpassungsgesetzes vom 16. August 2002 (BGBl. I S. 3165) und dem Organisationserlass vom 8. Dezember 2021 (BGBl. I S. 5176)

verordnet das Bundesministerium für Wirtschaft und Klimaschutz im Einvernehmen mit dem Bundesministerium für Bildung und Forschung:

Inhaltsübersicht

Artikel 1

Kurzübersicht

TB

Abschnitt 1: Gegenstand, Dauer und Gliederung der Berufsausbildung

§ 1 Staatliche Anerkennung der Ausbildungsberufe

(1) Der Ausbildungsberuf mit der Berufsbezeichnung Tiefbaufacharbeiter und Tiefbaufacharbeiterin wird staatlich anerkannt nach

1. § 25 der Handwerksordnung zur Ausbildung für das Gewerbe nach Anlage A Nummer 5, Straßenbauer, sowie Nummer 7, Brunnenbauer, der Handwerksordnung und
2. § 4 Absatz 1 des Berufsbildungsgesetzes.

[...]

(6) Der Ausbildungsberuf mit der Berufsbezeichnung Spezialtiefbauer und Spezialtiefbauerin wird nach § 4 Absatz 1 des Berufsbildungsgesetzes staatlich anerkannt.

[...]

§ 2 Dauer der Berufsausbildungen

(1) Die Berufsausbildung im Ausbildungsberuf Tiefbaufacharbeiter und Tiefbaufacharbeiterin dauert zwei Jahre.

[...]

(6) Die Berufsausbildung im Ausbildungsberuf Spezialtiefbauer und Spezialtiefbauerin dauert drei Jahre.

[...]

§ 3 Gegenstand der Berufsausbildungen und Ausbildungsrahmenpläne

(1) Gegenstand der Berufsausbildung zum Tiefbaufacharbeiter und zur Tiefbaufacharbeiterin sind mindestens die in dem jeweiligen Ausbildungsrahmenplan in den folgenden Anlagen genannten Fertigkeiten, Kenntnisse und Fähigkeiten:

[...]

4. im Schwerpunkt Brunnenbau- und Spezialtiefbauarbeiten: Anlage 4 Abschnitt A, B und D oder Anlage 5 Abschnitt A, B und D sowie

[...]

(6) Gegenstand der Berufsausbildung zum Spezialtiefbauer und zur Spezialtiefbauerin sind mindestens die im Ausbildungsrahmenplan für die Berufsausbildung zum Tiefbaufacharbeiter und zur Tiefbaufacharbeiterin im Schwerpunkt Brunnenbau- und Spezialtiefbauarbeiten sowie zum Spezialtiefbauer und zur Spezialtiefbauerin in Anlage 5 Abschnitt A bis D genannten Fertigkeiten, Kenntnisse und Fähigkeiten.

[...]

(8) Von der Organisation der Berufsausbildung, wie sie in den jeweiligen Anlagen 1 bis 6 vorgegeben ist, darf von den Ausbildenden abgewichen werden, wenn und soweit betriebspraktische Besonderheiten oder Gründe, die in der Person des oder der Auszubildenden liegen, die Abweichung erfordern.

TB

(9) Die in den jeweiligen Anlagen 1 bis 6 genannten Fertigkeiten, Kenntnisse und Fähigkeiten sollen von den Ausbildenden so vermittelt werden, dass die Auszubildenden die berufliche Handlungsfähigkeit nach § 1 Absatz 3 des Berufsbildungsgesetzes erlangen. Die berufliche Handlungsfähigkeit schließt insbesondere selbständiges Planen, Durchführen und Kontrollieren bei der Ausübung der beruflichen Aufgaben ein.

TF

§ 4 Struktur der Berufsausbildung zum Tiefbaufacharbeiter und zur Tiefbaufacharbeiterin sowie Ausbildungsberufsbild

(1) Die Berufsausbildung gliedert sich in:

1. schwerpunktübergreifende berufsprofilgebende Fertigkeiten, Kenntnisse und Fähigkeiten,
2. schwerpunktübergreifende integrativ zu vermittelnde Fertigkeiten, Kenntnisse und Fähigkeiten sowie
3. weitere Fertigkeiten, Kenntnisse und Fähigkeiten in einem der Schwerpunkte:

   [...]

   d) Brunnenbau- und Spezialtiefbauarbeiten oder

   [...]

Die Fertigkeiten, Kenntnisse und Fähigkeiten sind in Berufsbildpositionen als Teil des Ausbildungsberufsbildes gebündelt.

(2) Die Berufsbildpositionen der schwerpunktübergreifenden berufsprofilgebenden Fertigkeiten, Kenntnisse und Fähigkeiten sind:

1. Übernehmen von Arbeitsaufträgen und kundenorientierte Kommunikation,
2. Planen, Vorbereiten und Organisieren von Arbeitsaufgaben,
3. Einrichten, Sichern, Unterhalten und Räumen von Baustellen,
4. Bedienen und Instandhalten von Werkzeugen, Maschinen und Anlagen,
5. Prüfen, Lagern und Auswählen von Baustoffen und Bauhilfsstoffen,
6. Lesen und Anwenden von Plänen und Zeichnungen, Anfertigen von Skizzen, auch digital,
7. Durchführen von Messungen mittels sowohl analoger als auch digitaler Messgeräte,
8. Bearbeiten von Holz und Holzwerkstoffen sowie Herstellen von Holzbauteilen,
9. Herstellen von Bauteilen aus Beton und Stahlbeton,
10. Herstellen von Baukörpern aus Steinen,
11. Herstellen von Baugruben und Gräben sowie Durchführen von Verbauarbeiten und Wasserhaltungen,
12. Herstellen von Verkehrswegen,
13. Herstellen von Infrastrukturleitungen und Bohrungen,
14. Umbauen und Rückbauen von Baukörpern sowie
15. Durchführen von qualitätssichernden Maßnahmen und Übergeben der Leistungen.

In den Schwerpunkten nach § 3 Absatz 1 Nummer 1 bis 5 ist für die Vermittlung von Fertigkeiten, Kenntnissen und Fähigkeiten Folgendes anzuwenden:

[...]

TF

4. im Schwerpunkt Brunnenbau- und Spezialtiefbauarbeiten werden die Fertigkeiten, Kenntnisse und Fähigkeiten nach Satz 1 Nummer 8 bis 12 und 14 im Zusammenhang mit der Vermittlung anderer Fertigkeiten, Kenntnisse und Fähigkeiten desselben Schwerpunkts vermittelt und

[...]

(3) Die Berufsbildpositionen der schwerpunktübergreifenden integrativ zu vermittelnden Fertigkeiten, Kenntnisse und Fähigkeiten sind:

1. Organisation des Ausbildungsbetriebes, Berufsbildung sowie Arbeits- und Tarifrecht,
2. Sicherheit und Gesundheit bei der Arbeit,
3. Umweltschutz und Nachhaltigkeit sowie
4. digitalisierte Arbeitswelt.

(4) In den Schwerpunkten werden in folgenden Berufsbildpositionen weitere Fertigkeiten, Kenntnisse und Fähigkeiten vermittelt:

[...]

4. im Schwerpunkt Brunnenbau- und Spezialtiefbauarbeiten in den Berufsbildpositionen
   a) Bedienen und Instandhalten von Werkzeugen, Maschinen und Anlagen,
   b) Herstellen von Baugruben und Gräben sowie Durchführen von Verbauarbeiten und Wasserhaltungen sowie
   c) Herstellen von Infrastrukturleitungen und Bohrungen,

[...]

[...]

SP

§ 9 Struktur der Berufsausbildung zum Spezialtiefbauer und zur Spezialtiefbauerin sowie Ausbildungsberufsbild

(1) Die Berufsausbildung gliedert sich in:

1. berufsprofilgebende Fertigkeiten, Kenntnisse und Fähigkeiten sowie
2. integrativ zu vermittelnde Fertigkeiten, Kenntnisse und Fähigkeiten.

Die Fertigkeiten, Kenntnisse und Fähigkeiten sind in Berufsbildpositionen gebündelt.

(2) Die Berufsbildpositionen der berufsprofilgebenden Fertigkeiten, Kenntnisse und Fähigkeiten sind:

1. Übernehmen von Arbeitsaufträgen und kundenorientierte Kommunikation,
2. Planen, Vorbereiten und Organisieren von Arbeitsaufgaben,
3. Einrichten, Sichern, Unterhalten und Räumen von Baustellen,
4. Bedienen und Instandhalten von Werkzeugen, Maschinen und Anlagen,
5. Prüfen, Lagern und Auswählen von Baustoffen und Bauhilfsstoffen,
6. Lesen und Anwenden von Plänen und Zeichnungen, Anfertigen von Skizzen, auch digital,
7. Durchführen von Messungen mittels sowohl analoger als auch digitaler Messgeräte,
8. Bearbeiten von Holz und Holzwerkstoffen sowie Herstellen von Holzbauteilen,
9. Herstellen von Bauteilen aus Beton und Stahlbeton,
10. Herstellen von Baukörpern aus Steinen,

SP

11. Herstellen von Baugruben und Gräben sowie Durchführen von Verbauarbeiten und Wasserhaltungen,
12. Herstellen von Verkehrswegen,
13. Herstellen von Infrastrukturleitungen und Bohrungen,
14. Umbauen und Rückbauen von Baukörpern,
15. Durchführen von qualitätssichernden Maßnahmen und Übergeben der Leistungen,
16. Bearbeiten von Metallen,
17. Herstellen von Bohrungen,
18. Herstellen von Pfählen, Kleinbohrpfählen und Ankersystemen,
19. Herstellen von Baugruben-, Hang- und Gebäudesicherungen,
20. Herstellen von Baugrundverbesserungen,
21. Durchführen von Ramm-, Press- und Vibrationsarbeiten,
22. Herstellen von Schlitz- und Dichtwänden sowie
23. umweltgerechte und ressourcenschonende Anwendung von Sonderverfahren im Spezialtiefbau.

Die Vermittlung der Fertigkeiten, Kenntnisse und Fähigkeiten nach Satz 1 Nummer 8 bis 12 und 14 erfolgt im Zusammenhang mit der Vermittlung anderer Fertigkeiten, Kenntnisse und Fähigkeiten des Ausbildungsberufs Spezialtiefbauer und Spezialtiefbauerin.

(3) Die Berufsbildpositionen der integrativ zu vermittelnden Fertigkeiten, Kenntnisse und Fähigkeiten sind:

1. Organisation des Ausbildungsbetriebes, Berufsbildung sowie Arbeits- und Tarifrecht,
2. Sicherheit und Gesundheit bei der Arbeit,
3. Umweltschutz und Nachhaltigkeit sowie
4. digitalisierte Arbeitswelt.

[...]

§ 11 Berufsausbildung in überbetrieblichen Ausbildungsstätten

TF

(1) Die Berufsausbildung im Ausbildungsberuf Tiefbaufacharbeiter und Tiefbaufacharbeiterin ist während einer Dauer von 24 Wochen in geeigneten Einrichtungen außerhalb der Ausbildungsstätte durchzuführen. Hierdurch sind folgende Fertigkeiten, Kenntnisse und Fähigkeiten entsprechend des jeweiligen Schwerpunktes zu ergänzen und zu vertiefen:

[...]

4. Schwerpunkt Brunnenbau- und Spezialtiefbauarbeiten:

   a) im ersten Ausbildungsjahr in 13 Wochen Fertigkeiten, Kenntnisse und Fähigkeiten nach den Anlagen 4 oder 5 Abschnitt A laufende Nummer 4 und 7 bis 13 sowie

   b) im zweiten Ausbildungsjahr in elf Wochen Fertigkeiten, Kenntnisse und Fähigkeiten nach den Anlagen 4 oder 5 Abschnitt B laufende Nummer 4 und 7 bis 12;

[...]

[...]

SP

(6) Die Berufsausbildung im Ausbildungsberuf Spezialtiefbauer und Spezialtiefbauerin ist während einer Dauer von 30 Wochen in geeigneten Einrichtungen außerhalb der Ausbildungsstätte durchzuführen. Hierdurch sind folgende Fertigkeiten, Kenntnisse und Fähigkeiten zu ergänzen und zu vertiefen:

1. im ersten Ausbildungsjahr in 13 Wochen Fertigkeiten, Kenntnisse und Fähigkeiten nach der Anlage 5 Abschnitt A laufende Nummer 4 und 7 bis 13,
2. im zweiten Ausbildungsjahr in elf Wochen Fertigkeiten, Kenntnisse und Fähigkeiten nach der Anlage 5 Abschnitt B laufende Nummer 4 und 7 bis 12 sowie
3. im dritten Ausbildungsjahr in sechs Wochen Fertigkeiten, Kenntnisse und Fähigkeiten nach der Anlage 5 Abschnitt C laufende Nummer 4 bis 12.

[...]

(8) Wenn und soweit es die Berufsausbildung erfordert, kann sie in den in den Absätzen 1 bis 7 genannten Ausbildungsberufen zusätzlich in geeigneten Einrichtungen außerhalb der Ausbildungsstätte durchgeführt werden während einer Dauer von insgesamt bis zu

1. fünf Wochen in den Fällen des Absatzes 1 oder
2. neun Wochen in den Fällen der Absätze 2 bis 7.

Während des benannten zeitlichen Gesamtumfangs nach Satz 1 Nummer 1 oder Nummer 2 sind einzelne der in den Absätzen 1 bis 7 jeweils genannten Fertigkeiten, Kenntnisse und Fähigkeiten zu ergänzen und zu vertiefen. Im Fall des Satzes 1 Nummer 1 entfallen auf das erste Ausbildungsjahr höchstens drei Wochen und auf das zweite Ausbildungsjahr höchstens zwei Wochen. Im Fall des Satzes 1 Nummer 2 entfallen auf das erste Ausbildungsjahr höchstens drei Wochen, auf das zweite Ausbildungsjahr höchstens zwei Wochen und auf das dritte Ausbildungsjahr höchstens vier Wochen. Die Festlegung über die Erforderlichkeit, den genauen zeitlichen Umfang, einschließlich dessen Verteilung über die Ausbildungsjahre, und die Inhalte der zusätzlichen überbetrieblichen Ausbildung trifft der Ausbildende.

§ 12 Ausbildungsplan

Die Ausbildenden haben spätestens zu Beginn der Ausbildung auf der Grundlage des jeweiligen Ausbildungsrahmenplans für jeden Auszubildenden und für jede Auszubildende einen Ausbildungsplan zu erstellen.

Abschnitt 2: Berufsausbildung zum Tiefbaufacharbeiter und zur Tiefbaufacharbeiterin (Schwerpunkt Brunnenbau- und Spezialtiefbauarbeiten)

Unterabschnitt 1: Zwischenprüfung

§ 13 Zeitpunkt

(1) Die Zwischenprüfung soll im dritten Ausbildungshalbjahr stattfinden.

(2) Den Zeitpunkt legt die zuständige Stelle fest.

§ 14 Inhalt

Die Zwischenprüfung erstreckt sich auf

1. die in den Ausbildungsrahmenplänen der Berufe in den Anlagen 1 bis 6 jeweils im Abschnitt A für die ersten zwölf Monate genannten Fertigkeiten, Kenntnisse und Fähigkeiten sowie
2. den im Berufsschulunterricht zu vermittelnden Lehrstoff, soweit er den in den Ausbildungsrahmenplänen der Berufe in den Anlagen 1 bis 6 jeweils im Abschnitt A genannten Fertigkeiten, Kenntnissen und Fähigkeiten entspricht.

§ 15 Prüfungsbereich

(1) Die Zwischenprüfung findet im Prüfungsbereich „Durchführen von Arbeiten im Tiefbau“ statt.

(2) Im Prüfungsbereich „Durchführen von Arbeiten im Tiefbau“ hat der Prüfling nachzuweisen, dass er in der Lage ist,

1. Arbeitsschritte zu planen sowie persönliche Schutzausrüstung auszuwählen,
2. Arbeitsplätze einzurichten und zu räumen,
3. Baustoffe und Bauhilfsstoffe zu unterscheiden, auszuwählen und einzusetzen sowie deren Mengen zu berechnen,
4. Werkzeuge und Maschinen zu unterscheiden, auszuwählen und einzusetzen,
5. ergonomische, ökologische und ökonomische Gesichtspunkte bei der Durchführung der Arbeiten zu berücksichtigen,
6. Pläne, Skizzen und Zeichnungen zu lesen und anzuwenden,
7. Längen, Höhen und Winkel sowie Punkte anzulegen, zu messen und abzustecken,
8. Bauwerke oder Bauteile herzustellen,
9. Bodenarten zu unterscheiden,
10. Verbau mithilfe von Grabenverbaugeräten zu beschreiben,
11. Leitungsarten zu unterscheiden,
12. offene Wasserhaltungen zu unterscheiden,
13. Gefahrstoffe in Bauprodukten zu unterscheiden, Schutzmaßnahmen zu ergreifen, Gefahrstoffe umweltgerecht zu lagern sowie
14. Arbeitsergebnisse zu kontrollieren sowie Maßnahmen zur Qualitätssicherung durchzuführen.

(3) Für den Nachweis nach Absatz 2 ist eine der folgenden Tätigkeiten zugrunde zu legen:

1. Herstellen von Pflasterdecken, Plattenbelägen und Rinnen,
2. Herstellen von Pflasterdecken und Plattenbelägen sowie Versetzen von Einbauteilen,
3. Einbauen von Rohren und Formstücken,
4. Herstellen einer offenen Wasserhaltung oder
5. Durchführen einer Rammsondierung.

Der Prüfungsausschuss legt fest, welche Tätigkeit nach Satz 1 zugrunde gelegt wird. Dabei ist der Schwerpunkt nach § 4 Absatz 1 Satz 1 Nummer 3, in dem der Prüfling ausgebildet wird, zu berücksichtigen.

(4) Der Prüfling hat eine Arbeitsaufgabe durchzuführen und die Durchführung mit praxisüblichen Unterlagen zu dokumentieren. Zusätzlich hat der Prüfling hierfür geeignete Aufgaben schriftlich zu bearbeiten. Die Aufgaben müssen praxisbezogen sein.

(5) Die Prüfungszeit für die Durchführung der Arbeitsaufgabe und für die Dokumentationen beträgt insgesamt 6 Stunden. Die Prüfungszeit für die schriftliche Bearbeitung der Aufgaben beträgt 60 Minuten.

Unterabschnitt 2: Gesellen- oder Abschlussprüfung

§ 16 Zeitpunkt

(1) Die Gesellen- oder Abschlussprüfung findet am Ende der Berufsausbildung statt.

(2) Den Zeitpunkt legt die zuständige Stelle fest.

§ 17 Inhalt

(1) Die Gesellen- oder Abschlussprüfung findet unter Berücksichtigung des Schwerpunktes nach § 4 Absatz 1 Satz 1 Nummer 3, in dem der Prüfling ausgebildet wird, statt.

(2) Sie erstreckt sich auf

1. die in den Ausbildungsrahmenplänen der Berufe in den Anlagen 1 bis 6 jeweils in den Abschnitten A, B und D genannten Fertigkeiten, Kenntnisse und Fähigkeiten sowie
2. den im Berufsschulunterricht zu vermittelnden Lehrstoff, soweit er den in den Ausbildungsrahmenplänen der Berufe genannten Fertigkeiten, Kenntnissen und Fähigkeiten entspricht.

§ 18 Prüfungsbereiche

Die Gesellen- oder Abschlussprüfung findet in den folgenden Prüfungsbereichen statt:

1. „Herstellen von Baukörpern",
2. „Durchführen von Tiefbauarbeiten" sowie
3. „Wirtschafts- und Sozialkunde".

§ 19 Prüfungsbereich „Herstellen von Baukörpern"

(1) Im Prüfungsbereich „Herstellen von Baukörpern" hat der Prüfling nachzuweisen, dass er in der Lage ist,

1. Arbeitsabläufe zu planen und persönliche Schutzausrüstung auszuwählen,
2. Arbeitsplätze einzurichten und zu räumen,
3. Mengen von Baustoffen und Bauhilfsstoffen zu berechnen sowie Baustoffe und Bauhilfsstoffe einzusetzen,

4. Werkzeuge und Maschinen auszuwählen und einzusetzen,
5. ergonomische, ökologische und ökonomische Gesichtspunkte bei der Durchführung der Arbeiten zu berücksichtigen,
6. Pläne, Skizzen und Zeichnungen zu lesen und anzuwenden,
7. Längen, Höhen und Winkel sowie Punkte anzulegen, zu messen und abzustecken,
8. Bauwerke oder Bauteile herzustellen sowie
9. sowohl Zwischen- als auch Endergebnisse der durchzuführenden Arbeiten zu kontrollieren, zu bewerten und zu dokumentieren.

[...]

(5) Für den Nachweis nach Absatz 1 ist im Schwerpunkt Brunnenbau- und Spezialtiefbauarbeiten eine der folgenden Tätigkeiten zugrunde zu legen:

1. Herstellen einer Bohrung und Führen eines Schichtenverzeichnisses,
2. Herstellen eines Verbauabschnittes,
3. Installieren einer Anlage zur Förderung von Suspensionen und Herstellen einer Suspension einschließlich Prüfung auf Gebrauchsfähigkeit oder
4. Installieren einer Anlage zur Förderung von Wasser und Herstellen eines Werkstücks zur Verwendung in einer Anlage zur Förderung von Wasser.

[...]

(7) Der Prüfungsausschuss legt entsprechend des Schwerpunktes nach § 4 Absatz 1 Satz 1 Nummer 3, in dem der Prüfling ausgebildet wird, fest, welche Tätigkeit zugrunde gelegt wird.

(8) Der Prüfling hat eine Arbeitsaufgabe durchzuführen und die Durchführung mit praxisüblichen Unterlagen zu dokumentieren.

(9) Die Prüfungszeit für die Arbeitsaufgabe und für die Dokumentation beträgt insgesamt 7 Stunden.

§ 20 Prüfungsbereich „Durchführen von Tiefbauarbeiten"

(1) Im Prüfungsbereich „Durchführen von Tiefbauarbeiten" hat der Prüfling nachzuweisen, dass er in der Lage ist,

1. Aufträge zu erfassen sowie Arbeitsabläufe unter Beachtung technischer, wirtschaftlicher und organisatorischer Vorgaben zu planen,
2. persönliche Schutzausrüstung zu unterscheiden, auszuwählen und diesbezügliche Vorgaben zu erläutern,
3. das Einrichten oder das Räumen von Arbeitsplätzen unter Beachtung von Gefahrenbereichen auf Baustellen zu erläutern,
4. Baustoffe und Bauhilfsstoffe zu unterscheiden, auszuwählen, deren Mengen zu berechnen sowie die ökologischen Auswirkungen der Baustoffe und Bauhilfsstoffe zu erläutern,
5. Werkzeuge und Maschinen zu unterscheiden und auszuwählen,
6. bemaßte Skizzen anzufertigen,
7. Messgeräte zu unterscheiden und auszuwählen,
8. Gefährdungen bei der Herstellung von Baugruben und Gräben zu unterscheiden und entsprechende Sicherungsmaßnahmen auszuwählen,

9. den Baugrund zu beurteilen,
10. Verfahren zur sortenreinen Trennung und Lagerung von Abfall- und Reststoffen auf der Baustelle zu beschreiben und dabei kreislaufwirtschaftliche Gesichtspunkte zu berücksichtigen sowie
11. Maßnahmen zur Sicherheit und zum Gesundheitsschutz bei der Arbeit, zum Umweltschutz und zur Qualitätssicherung zu beschreiben.

(2) Für den Nachweis nach Absatz 1 sind vier Tätigkeiten aus dem nachfolgend aufgeführten Bereich Tiefbauarbeiten und sämtliche Tätigkeiten aus dem Bereich, der dem Schwerpunkt nach § 4 Absatz 1 Satz 1 Nummer 3 entspricht, in dem der Prüfling ausgebildet wird, zugrunde zu legen:

1. Bereich Tiefbauarbeiten:
   a) Beschreiben des Lösens, Lagerns, Transportierens und Einbauens von Böden,
   b) Unterscheiden von Verbauarten,
   c) Unterscheiden von Konstruktionen von Verkehrsflächen,
   d) Unterscheiden von Konstruktionen für Infrastrukturleitungen,
   e) Unterscheiden von Konstruktionen von Schachtbauwerken, Sonderbauwerken oder Konstruktionen mit Fertigteilen,
   f) Unterscheiden von Wasserhaltungen,
   g) Unterscheiden von Konstruktionen im Mauerwerksbau und im Beton- und Stahlbetonbau oder
   h) Unterscheiden von Verfahren von Bohrungen;

[...]

5. Bereich Schwerpunkt Brunnenbau- und Spezialtiefbauarbeiten:
   a) Zeichnen von Schichtenprofilen,
   b) Unterscheiden von Verbauarten des Spezialtiefbaus,
   c) Unterscheiden von Messungen in Bohrungen und Brunnen,
   d) Unterscheiden von Verfahren zum Herstellen von Bohrungen im Brunnen- und Spezialtiefbau,
   e) Unterscheiden von Aufbau- und Herstellungsverfahren der offenen und geschlossenen Wasserhaltung sowie
   f) Unterscheiden von Suspensionsarten nach Anwendungszweck;

[...]

Der Prüfungsausschuss legt fest, welche Tätigkeiten aus dem Bereich Tiefbauarbeiten nach Satz 1 Nummer 1 zugrunde gelegt werden.

(3) Die Aufgaben müssen praxisbezogen sein. Der Prüfling hat die Aufgaben schriftlich zu bearbeiten.

(4) Die Prüfungszeit beträgt 120 Minuten.

§ 21 Prüfungsbereich „Wirtschafts- und Sozialkunde"

(1) Im Prüfungsbereich „Wirtschafts- und Sozialkunde" hat der Prüfling nachzuweisen, dass er in der Lage ist, allgemeine wirtschaftliche und gesellschaftliche Zusammenhänge der Berufs- und Arbeitswelt darzustellen und zu beurteilen.

(2) Die Aufgaben müssen praxisbezogen sein. Der Prüfling hat die Aufgaben schriftlich zu bearbeiten.

(3) Die Prüfungszeit beträgt 60 Minuten.

§ 22 Gewichtung der Prüfungsbereiche und Anforderungen für das Bestehen der Gesellen- oder Abschlussprüfung

(1) Die Bewertungen der einzelnen Prüfungsbereiche sind wie folgt zu gewichten:

1. „Herstellen von Baukörpern"	mit 60 Prozent,
2. „Durchführen von Tiefbauarbeiten"	mit 30 Prozent sowie
3. „Wirtschafts- und Sozialkunde"	mit 10 Prozent.

(2) Die Gesellen- oder Abschlussprüfung ist bestanden, wenn die Prüfungsleistungen – auch unter Berücksichtigung einer mündlichen Ergänzungsprüfung nach § 23 – wie folgt bewertet worden sind:

1. im Gesamtergebnis mit mindestens „ausreichend",
2. in mindestens zwei Prüfungsbereichen mit mindestens „ausreichend" und
3. in keinem Prüfungsbereich mit „ungenügend".

Über das Bestehen ist ein Beschluss nach § 35a Absatz 1 Nummer 3 der Handwerksordnung oder nach § 42 Absatz 1 Nummer 3 des Berufsbildungsgesetzes zu fassen.

§ 23 Mündliche Ergänzungsprüfung

(1) Der Prüfling kann in einem Prüfungsbereich eine mündliche Ergänzungsprüfung beantragen.

(2) Dem Antrag ist stattzugeben,

1. wenn er für einen der folgenden Prüfungsbereiche gestellt worden ist:
   a) „Durchführen von Tiefbauarbeiten" oder
   b) „Wirtschafts- und Sozialkunde",
2. wenn der Prüfungsbereich nach Nummer 1 Buchstabe a oder Buchstabe b schlechter als mit „ausreichend" bewertet worden ist und
3. wenn die mündliche Ergänzungsprüfung für das Bestehen der Gesellen- oder Abschlussprüfung den Ausschlag geben kann.

Die mündliche Ergänzungsprüfung darf nur in dem Prüfungsbereich nach Satz 1 Nummer 1 Buchstabe a oder Buchstabe b durchgeführt werden.

(3) Die mündliche Ergänzungsprüfung soll 15 Minuten dauern.

(4) Bei der Ermittlung des Ergebnisses für den Prüfungsbereich sind das bisherige Ergebnis und das Ergebnis der mündlichen Ergänzungsprüfung im Verhältnis 2 : 1 zu gewichten.

SP

Abschnitt 7: Berufsausbildung zum Spezialtiefbauer und zur Spezialtiefbauerin

Unterabschnitt 1: Abschlussprüfung

§ 76 Aufteilung in zwei Teile und Zeitpunkt

(1) Die Abschlussprüfung besteht aus den Teilen 1 und 2.

(2) Teil 1 soll im vierten Ausbildungshalbjahr stattfinden.

(3) Teil 2 findet am Ende der Berufsausbildung statt.

(4) Wird die Ausbildungsdauer verkürzt, so soll Teil 1 der Abschlussprüfung spätestens drei Monate vor dem Zeitpunkt von Teil 2 der Abschlussprüfung stattfinden.

(5) Den jeweiligen Zeitpunkt legt die zuständige Stelle fest.

§ 77 Inhalt des Teiles 1

Teil 1 der Abschlussprüfung erstreckt sich auf

1. die im Ausbildungsrahmenplan für die Berufsausbildung zum Tiefbaufacharbeiter und zur Tiefbaufacharbeiterin im Schwerpunkt Brunnenbau- und Spezialtiefbauarbeiten sowie zum Spezialtiefbauer und zur Spezialtiefbauerin in Anlage 5 Abschnitt A, B und D für die ersten 24 Monate genannten Fertigkeiten, Kenntnisse und Fähigkeiten sowie
2. den im Berufsschulunterricht zu vermittelnden Lehrstoff, soweit er den im Ausbildungsrahmenplan für die Berufsausbildung zum Tiefbaufacharbeiter und zur Tiefbaufacharbeiterin im Schwerpunkt Brunnenbau- und Spezialtiefbauarbeiten sowie zum Spezialtiefbauer und zur Spezialtiefbauerin in Anlage 5 Abschnitt A, B und D genannten Fertigkeiten, Kenntnissen und Fähigkeiten entspricht.

§ 78 Prüfungsbereich des Teiles 1

(1) Teil 1 der Abschlussprüfung findet im Prüfungsbereich „Herstellen von Baukörpern und Durchführen von Tiefbauarbeiten" statt.

(2) Im Prüfungsbereich „Herstellen von Baukörpern und Durchführen von Tiefbauarbeiten" besteht die Prüfung aus zwei Teilen.

(3) Im ersten Teil hat der Prüfling nachzuweisen, dass er in der Lage ist,

1. Arbeitsabläufe zu planen und persönliche Schutzausrüstung auszuwählen,
2. Arbeitsplätze einzurichten und zu räumen,
3. Mengen von Baustoffen und Bauhilfsstoffen zu berechnen sowie Baustoffe und Bauhilfsstoffe einzusetzen,
4. Werkzeuge und Maschinen auszuwählen und einzusetzen,
5. ergonomische, ökologische und ökonomische Gesichtspunkte bei der Durchführung der Arbeiten zu berücksichtigen,
6. Pläne, Skizzen und Zeichnungen zu lesen und anzuwenden,
7. Längen, Höhen und Winkel sowie Punkte anzulegen, zu messen und abzustecken,

8. Bauwerke oder Bauteile herzustellen sowie
9. sowohl Zwischen- als auch Endergebnisse der durchzuführenden Arbeiten zu kontrollieren, zu bewerten und zu dokumentieren.

Für den Nachweis nach Satz 1 ist eine der folgenden Tätigkeiten zugrunde zu legen:

1. Herstellen einer Bohrung und Führen eines Schichtenverzeichnisses,
2. Herstellen eines Verbauabschnittes,
3. Installieren einer Anlage zur Förderung von Suspensionen und Herstellen einer Suspension einschließlich Prüfung auf Gebrauchsfähigkeit oder
4. Installieren einer Anlage zur Förderung von Wasser und Herstellen eines Werkstücks zur Verwendung in einer Anlage zur Förderung von Wasser.

Der Prüfungsausschuss legt fest, welche Tätigkeit zugrunde gelegt wird. Der Prüfling hat eine Arbeitsaufgabe durchzuführen und die Durchführung mit praxisüblichen Unterlagen zu dokumentieren. Die Prüfungszeit für die Arbeitsaufgabe und für die Dokumentation beträgt insgesamt 7 Stunden.

(4) Im zweiten Teil hat der Prüfling nachzuweisen, dass er in der Lage ist,

1. Aufträge zu erfassen sowie Arbeitsabläufe unter Beachtung technischer, wirtschaftlicher und organisatorischer Vorgaben zu planen,
2. persönliche Schutzausrüstung zu unterscheiden, auszuwählen und diesbezügliche Vorgaben zu erläutern,
3. das Einrichten oder das Räumen von Arbeitsplätzen unter Beachtung von Gefahrenbereichen auf Baustellen zu erläutern,
4. Baustoffe und Bauhilfsstoffe zu unterscheiden, auszuwählen, deren Mengen zu berechnen sowie die ökologischen Auswirkungen der Baustoffe und Bauhilfsstoffe zu erläutern,
5. Werkzeuge und Maschinen zu unterscheiden und auszuwählen,
6. bemaßte Skizzen anzufertigen,
7. Messgeräte zu unterscheiden und auszuwählen,
8. Gefährdungen bei der Herstellung von Baugruben und Gräben zu unterscheiden und entsprechende Sicherungsmaßnahmen auszuwählen,
9. den Baugrund zu beurteilen,
10. Verfahren zur sortenreinen Trennung und Lagerung von Abfall- und Reststoffen auf der Baustelle zu beschreiben und dabei kreislaufwirtschaftliche Gesichtspunkte zu berücksichtigen sowie
11. Maßnahmen zur Sicherheit und zum Gesundheitsschutz bei der Arbeit, zum Umweltschutz und zur Qualitätssicherung zu beschreiben.

Für den Nachweis nach Satz 1 sind vier Tätigkeiten aus dem nachfolgend aufgeführten Bereich Tiefbauarbeiten und sämtliche Tätigkeiten aus dem Bereich Brunnenbau- und Spezialtiefbauarbeiten zugrunde zu legen:

1. Bereich Tiefbauarbeiten:
   a) Beschreiben des Lösens, Lagerns, Transportierens und Einbauens von Böden,
   b) Unterscheiden von Verbauarten,
   c) Unterscheiden von Konstruktionen von Verkehrsflächen,
   d) Unterscheiden von Konstruktionen für Infrastrukturleitungen,
   e) Unterscheiden von Konstruktionen von Schachtbauwerken, Sonderbauwerken oder Konstruktionen mit Fertigteilen,
   f) Unterscheiden von Wasserhaltungen,

SP

g) Unterscheiden von Konstruktionen im Mauerwerksbau und im Beton- und Stahlbetonbau oder

h) Unterscheiden von Verfahren von Bohrungen;

2. Bereich Brunnenbau- und Spezialtiefbauarbeiten:

a) Zeichnen von Schichtenprofilen,

b) Unterscheiden von Verbauarten des Spezialtiefbaus,

c) Unterscheiden von Messungen in Bohrungen und Brunnen,

d) Unterscheiden von Verfahren zum Herstellen von Bohrungen im Brunnen- und Spezialtiefbau,

e) Unterscheiden von Aufbau- und Herstellungsverfahren der offenen und geschlossenen Wasserhaltung sowie

f) Unterscheiden von Suspensionsarten nach Anwendungszweck.

Der Prüfungsausschuss legt fest, welche Tätigkeiten aus dem Bereich Tiefbauarbeiten nach Satz 2 Nummer 1 zugrunde gelegt werden. Die Aufgaben müssen praxisbezogen sein. Der Prüfling hat die Aufgaben schriftlich zu bearbeiten. Die Prüfungszeit beträgt 120 Minuten.

(5) Bei der Ermittlung des Ergebnisses für den Prüfungsbereich sind die Bewertungen wie folgt zu gewichten:

1. die Bewertung für die Arbeitsaufgabe einschließlich der Dokumentation nach Absatz 3 mit 60 Prozent,

2. die Bewertung für die schriftlichen Aufgaben nach Absatz 4 mit 40 Prozent.

§ 79 Inhalt des Teiles 2

(1) Teil 2 der Abschlussprüfung erstreckt sich auf

1. die im Ausbildungsrahmenplan für die Berufsausbildung zum Tiefbaufacharbeiter und zur Tiefbaufacharbeiterin im Schwerpunkt Brunnenbau- und Spezialtiefbauarbeiten sowie zum Spezialtiefbauer und zur Spezialtiefbauerin in der Anlage 5 genannten Fertigkeiten, Kenntnisse und Fähigkeiten sowie

2. den im Berufsschulunterricht zu vermittelnden Lehrstoff, soweit er den im Ausbildungsrahmenplan für die Berufsausbildung zum Tiefbaufacharbeiter und zur Tiefbaufacharbeiterin im Schwerpunkt Brunnenbau- und Spezialtiefbauarbeiten sowie zum Spezialtiefbauer und zur Spezialtiefbauerin in Anlage 5 genannten Fertigkeiten, Kenntnissen und Fähigkeiten entspricht.

(2) In Teil 2 der Abschlussprüfung sollen Fertigkeiten, Kenntnisse und Fähigkeiten, die bereits Gegenstand von Teil 1 der Abschlussprüfung waren, nur insoweit einbezogen werden, als es für die Feststellung der beruflichen Handlungsfähigkeit erforderlich ist.

§ 80 Prüfungsbereiche des Teiles 2

Teil 2 der Abschlussprüfung findet in den folgenden Prüfungsbereichen statt:

1. „Herstellen von Bauwerken und Bauteilen im Spezialtiefbau",

2. „Durchführen von Tiefgründungen und Baugrubensicherungen",

3. „Durchführen von Baugrundverbesserungen und Sonderverfahren im Spezialtiefbau" sowie

4. „Wirtschafts- und Sozialkunde".

§ 81 Prüfungsbereich „Herstellen von Bauwerken und Bauteilen im Spezialtiefbau"

(1) Im Prüfungsbereich „Herstellen von Bauwerken und Bauteilen im Spezialtiefbau" hat der Prüfling nachzuweisen, dass er in der Lage ist,

1. Informationen aus Zeichnungen für die Vorbereitung der eigenen Arbeiten zu erfassen,
2. Maschinen und Anlagen zu bedienen und instand zu halten,
3. Messungen in Bohrungen durchzuführen,
4. Arbeiten im Spezialtiefbau durchzuführen,
5. Aufmaße zu erstellen,
6. Qualitätssicherungsmaßnahmen durchzuführen, Arbeitsergebnisse zu beurteilen und zu dokumentieren sowie
7. die Vorgehensweise bei der Durchführung der Arbeitsaufgabe fachlich zu begründen.

(2) Für den Nachweis nach Absatz 1 ist die Tätigkeit nach Nummer 1 und eine der Tätigkeiten nach den Nummern 2 bis 7 zugrunde zu legen:

1. Herstellen einer Metallkonstruktion sowie
2. Herstellen eines Kleinbohrpfahls einschließlich Dokumentation,
3. Herstellen eines suspensionsgestützten Hohlraums einschließlich Greifern und Anmischen und Verpumpen der Stützsuspension sowie Erstellen einer entsprechenden Dokumentation,
4. Herstellen einer Rückverankerung einschließlich Bohrung, Einbauen des Verankerungselements und Spannen sowie Erstellen einer entsprechenden Dokumentation,
5. Herstellen einer Bohrreihe mit Ausbau für Injektionsverfahren und Anmischen und Verpressen einer Mantelmischung sowie Erstellen einer entsprechenden Dokumentation,
6. Herstellen eines Bohrpfahls und Erstellen einer Dokumentation oder
7. Vorbereiten, Vermessen und Einbringen sowie Ziehen eines Spundwandabschnittes und Erstellen einer entsprechenden Dokumentation.

Der Prüfungsausschuss legt fest, welche der Tätigkeiten nach Satz 1 Nummer 2 bis 7 zugrunde gelegt werden.

(3) Der Prüfling hat eine Arbeitsaufgabe durchzuführen und die Durchführung mit praxisüblichen Unterlagen zu dokumentieren. Nach der Durchführung wird mit ihm ein auftragsbezogenes Fachgespräch über die Arbeitsaufgabe geführt.

(4) Die Prüfungszeit für die Arbeitsaufgabe und für die Dokumentation beträgt insgesamt 14 Stunden. Das auftragsbezogene Fachgespräch dauert höchstens 30 Minuten.

§ 82 Prüfungsbereich „Durchführen von Tiefgründungen und Baugrubensicherungen"

(1) Im Prüfungsbereich „Durchführen von Tiefgründungen und Baugrubensicherungen" hat der Prüfling nachzuweisen, dass er in der Lage ist,

1. Art und Umfang von Aufträgen zu erfassen sowie Arbeitsabläufe entsprechend der technischen Unterlagen zu planen und zu dokumentieren,
2. Gefährdungen auf Baustellen zu unterscheiden, Gefährdungsbeurteilungen umzusetzen und Schutzmaßnahmen auszuwählen,
3. verfahrenstypische Maschinen und Anbaugeräte zu unterscheiden und auszuwählen,

SP

4. Protokolle zu erstellen,
5. Maßnahmen zur Baugrubensicherung zu unterscheiden,
6. Massen- und Baustoffberechnungen durchzuführen,
7. bemaßte Detailskizzen anzufertigen,
8. Messverfahren zu unterscheiden und auszuwählen,
9. Prüfverfahren zu unterscheiden und auszuwählen,
10. Einsatzmöglichkeiten von Spezialtiefbaugeräten sowie von Bohrwerkzeugen oder Greiferwerkzeugen zu unterscheiden,
11. das Herstellen von Bohrungen zu beschreiben,
12. das Herstellen von Pfählen zu beschreiben,
13. das Herstellen von Ankersystemen zu beschreiben,
14. eine geschlossene Wasserhaltung zu beschreiben sowie
15. Qualitätssicherungsmaßnahmen zu beschreiben.

(2) Die Aufgaben müssen praxisbezogen sein. Der Prüfling hat die Aufgaben schriftlich zu bearbeiten.

(3) Die Prüfungszeit beträgt 90 Minuten.

§ 83 Prüfungsbereich „Durchführen von Baugrundverbesserungen und Sonderverfahren im Spezialtiefbau"

(1) Im Prüfungsbereich „Durchführen von Baugrundverbesserungen und Sonderverfahren im Spezialtiefbau" hat der Prüfling nachzuweisen, dass er in der Lage ist,

1. besondere Maßnahmen für Arbeiten am und auf dem Wasser zu unterscheiden,
2. verfahrenstypische Maschinen und Anbaugeräte zu unterscheiden,
3. Verfahren zur Behandlung von Reststoffen zu beschreiben,
4. Suspensionsberechnungen durchzuführen,
5. bemaßte Detailskizzen anzufertigen,
6. Spezialtiefbauarbeiten in kontaminierten Bereichen zu beschreiben,
7. die Herstellung von Schlitzwänden oder Dichtwänden zu beschreiben sowie
8. Maßnahmen zur Baugrundverbesserung zu unterscheiden.

(2) Die Aufgaben müssen praxisbezogen sein. Der Prüfling hat die Aufgaben schriftlich zu bearbeiten.

(3) Die Prüfungszeit beträgt 90 Minuten.

§ 84 Prüfungsbereich „Wirtschafts- und Sozialkunde"

(1) Im Prüfungsbereich „Wirtschafts- und Sozialkunde" hat der Prüfling nachzuweisen, dass er in der Lage ist, allgemeine wirtschaftliche und gesellschaftliche Zusammenhänge der Berufs- und Arbeitswelt darzustellen und zu beurteilen.

(2) Die Aufgaben müssen praxisbezogen sein. Der Prüfling hat die Aufgaben schriftlich zu bearbeiten.

(3) Die Prüfungszeit beträgt 60 Minuten.

§ 85 Gewichtung der Prüfungsbereiche und Anforderungen für das Bestehen der Abschlussprüfung

(1) Die Bewertungen der einzelnen Prüfungsbereiche sind wie folgt zu gewichten:

1. „Herstellen von Baukörpern und Durchführen von Tiefbauarbeiten"	mit 40 Prozent,
2. „Herstellen von Bauwerken und Bauteilen im Spezialtiefbau"	mit 30 Prozent,
3. „Durchführen von Tiefgründungen und Baugrubensicherungen"	mit 10 Prozent,
4. „Durchführen von Baugrundverbesserungen und Sonderverfahren im Spezialtiefbau"	mit 10 Prozent sowie
5. „Wirtschafts- und Sozialkunde"	mit 10 Prozent.

(2) Die Abschlussprüfung ist bestanden, wenn die Prüfungsleistungen – auch unter Berücksichtigung einer mündlichen Ergänzungsprüfung nach § 86 – wie folgt bewertet worden sind:

1. im Gesamtergebnis von Teil 1 und Teil 2 mit mindestens „ausreichend",
2. im Ergebnis von Teil 2 mit mindestens „ausreichend",
3. im Prüfungsbereich „Herstellen von Bauwerken und Bauteilen im Spezialtiefbau" mit mindestens „ausreichend",
4. in mindestens zwei weiteren Prüfungsbereichen von Teil 2 mit mindestens „ausreichend" und
5. in keinem Prüfungsbereich von Teil 2 mit „ungenügend".

Über das Bestehen ist ein Beschluss nach § 42 Absatz 1 Nummer 3 des Berufsbildungsgesetzes zu fassen.

§ 86 Mündliche Ergänzungsprüfung

(1) Der Prüfling kann in einem Prüfungsbereich eine mündliche Ergänzungsprüfung beantragen.

(2) Dem Antrag ist stattzugeben,

1. wenn er für einen der folgenden Prüfungsbereiche gestellt worden ist:
   a) „Durchführen von Tiefgründungen und Baugrubensicherungen",
   b) „Durchführen von Baugrundverbesserungen und Sonderverfahren im Spezialtiefbau" oder
   c) „Wirtschafts- und Sozialkunde",
2. wenn der Prüfungsbereich nach Nummer 1 Buchstabe a, Buchstabe b oder Buchstabe c schlechter als mit „ausreichend" bewertet worden ist und

SP

3. wenn die mündliche Ergänzungsprüfung für das Bestehen der Abschlussprüfung den Ausschlag geben kann.

Die mündliche Ergänzungsprüfung darf nur in dem Prüfungsbereich nach Satz 1 Nummer 1 Buchstabe a, Buchstabe b oder Buchstabe c durchgeführt werden.

(3) Unbeschadet des Absatzes 2 Satz 1 Nummer 3 darf eine mündliche Ergänzungsprüfung in dem Prüfungsbereich nach Absatz 2 Satz 1 Nummer 1 Buchstabe c auch dann durchgeführt werden, wenn sie für den Erwerb des Abschlusses nach § 88 den Ausschlag geben kann.

(4) Die mündliche Ergänzungsprüfung soll 15 Minuten dauern.

(5) Bei der Ermittlung des Ergebnisses für den Prüfungsbereich sind das bisherige Ergebnis und das Ergebnis der mündlichen Ergänzungsprüfung im Verhältnis 2 : 1 zu gewichten.

TB

Unterabschnitt 2: Weitere Berufsausbildungen

§ 87 Befreiung von Teil 1 der Abschlussprüfung und Anrechnung von Ausbildungszeiten

Bei erfolgreich abgeschlossener Berufsausbildung zum Tiefbaufacharbeiter und zur Tiefbaufacharbeiterin nach § 22 Absatz 2 ist

1. der oder die Auszubildende von Teil 1 der Abschlussprüfung zum Spezialtiefbauer und zur Spezialtiefbauerin befreit und
2. diese Ausbildung im Umfang von 24 Monaten auf die Dauer der Berufsausbildung zum Spezialtiefbauer und zur Spezialtiefbauerin anzurechnen, wenn die Vertragsparteien dies vereinbaren.

§ 88 Erwerb des Abschlusses zum Tiefbaufacharbeiter und zur Tiefbaufacharbeiterin nach nichtbestandener Abschlussprüfung zum Spezialtiefbauer und zur Spezialtiefbauerin

Besteht der Prüfling die Prüfung im Falle der Berufsausbildung zum Spezialtiefbauer und zur Spezialtiefbauerin nach § 85 Absatz 2 nicht, erwirbt er auf seinen Antrag den Abschluss zum Tiefbaufacharbeiter und zur Tiefbaufacharbeiterin nach Abschnitt 2, wenn

1. er in Teil 1 der Abschlussprüfung mindestens ausreichende Prüfungsleistungen erbracht hat und
2. die Ergebnisse der in Nummer 1 bezeichneten Prüfung sowie das Ergebnis im Prüfungsbereich „Wirtschafts- und Sozialkunde" nach § 85 – auch unter Berücksichtigung einer mündlichen Ergänzungsprüfung nach § 86 – jeweils die Anforderungen nach § 22 Absatz 2 erfüllen.

[...]

Abschnitt 9: Schlussvorschriften

§ 102 Übergangsregelung für Tiefbaufacharbeiter und Tiefbaufacharbeiterinnen

Bei erfolgreich abgelegter Gesellen- oder Abschlussprüfung zum Tiefbaufacharbeiter oder zur Tiefbaufacharbeiterin nach der Verordnung über die Berufsausbildung in der Bauwirtschaft vom 2. Juli 1999 (BGBl. I S. 1102), die zuletzt durch Artikel 1 der Verordnung vom 20. Februar 2009 (BGBl. I S. 399) geändert worden ist, sind bis zum Ablauf des 31. Juli 2030 bei Fortsetzung der Berufsausbildung

[...]

5. zum Spezialtiefbauer oder zur Spezialtiefbauerin oder

[...]

nach § 22 Absatz 8 der Verordnung über die Berufsausbildung in der Bauwirtschaft deren Regelungen anzuwenden.

Artikel 4

Inkrafttreten, Außerkrafttreten

Diese Verordnung tritt am 1. August 2026 in Kraft. Gleichzeitig tritt die Verordnung über die Berufsausbildung in der Bauwirtschaft vom 2. Juni 1999 (BGBl. I S. 1102), die zuletzt durch Artikel 1 der Verordnung vom 20. Februar 2009 (BGBl. I S. 399) geändert worden ist außer Kraft.

TB

2.2 Übersicht über die zeitlichen Richtwerte

▶ 1. Ausbildungsjahr

Abschnitt A:

- **schwerpunktübergreifende Fertigkeiten, Kenntnisse und Fähigkeiten (§ 4 Absatz 2),**
- **Fertigkeiten, Kenntnisse und Fähigkeiten im Schwerpunkt Brunnenbau- und Spezialtiefbauarbeiten im Ausbildungsberufsbild Tiefbaufacharbeiter und Tiefbaufacharbeiterin (§ 4 Absatz 4 Nummer 4) sowie**
- **Fertigkeiten, Kenntnisse und Fähigkeiten im Ausbildungsberufsbild Spezialtiefbauer und Spezialtiefbauerin (§ 9 Absatz 2)**

Lfd. Nr.	Teil des Ausbildungsberufsbildes (Berufsbildpositionen)	ÜBA*	Zeitliche Richtwerte in Wochen im 1. bis 12. Monat
1	Übernehmen von Arbeitsaufträgen und kundenorientierte Kommunikation		2
2	Planen, Vorbereiten und Organisieren von Arbeitsaufgaben		
3	Einrichten, Sichern, Unterhalten und Räumen von Baustellen		6
4	Bedienen und Instandhalten von Werkzeugen, Maschinen und Anlagen	X	
5	Prüfen, Lagern und Auswählen von Baustoffen und Bauhilfsstoffen		
6	Lesen und Anwenden von Plänen und Zeichnungen, Anfertigen von Skizzen, auch digital		4
7	Durchführen von Messungen mittels sowohl analoger als auch digitaler Messgeräte	X	
8	Bearbeiten von Holz und Holzwerkstoffen sowie Herstellen von Holzbauteilen	X	8
9	Herstellen von Bauteilen aus Beton und Stahlbeton	X	
10	Herstellen von Baukörpern aus Steinen	X	
11	Herstellen von Baugruben und Gräben sowie Durchführen von Verbauarbeiten und Wasserhaltungen	X	28
12	Herstellen von Verkehrswegen	X	
13	Herstellen von Infrastrukturleitungen und Bohrungen	X	
14	Umbauen und Rückbauen von Baukörpern		2
15	Durchführen von qualitätssichernden Maßnahmen und Übergeben der Leistungen		2
		Wochen insgesamt:	**52**

* ÜBA = Berufsbildposition wird im Rahmen der überbetrieblichen Ausbildung ergänzt und vertieft. Im ersten Ausbildungsjahr beträgt die überbetriebliche Ausbildung mindestens 13 Wochen und kann bis zu maximal 16 Wochen ergänzt werden.

TB

▶ 2. Ausbildungsjahr

Abschnitt B:

- **schwerpunktübergreifende Fertigkeiten, Kenntnisse und Fähigkeiten (§ 4 Absatz 2),**
- **Fertigkeiten, Kenntnisse und Fähigkeiten im Schwerpunkt Brunnenbau- und Spezialtiefbauarbeiten im Ausbildungsberufsbild Tiefbaufacharbeiter und Tiefbaufacharbeiterin (§ 4 Absatz 4 Nummer 4) sowie**
- **Fertigkeiten, Kenntnisse und Fähigkeiten im Ausbildungsberufsbild Spezialtiefbauer und Spezialtiefbauerin (§ 9 Absatz 2)**

Lfd. Nr.	Teil des Ausbildungsberufsbildes (Berufsbildpositionen)	ÜBA*	Zeitliche Richtwerte in Wochen im 13. bis 24. Monat
1	Übernehmen von Arbeitsaufträgen und kundenorientierte Kommunikation		2
2	Planen, Vorbereiten und Organisieren von Arbeitsaufgaben		
3	Einrichten, Sichern, Unterhalten und Räumen von Baustellen		8
4	Bedienen und Instandhalten von Werkzeugen, Maschinen und Anlagen	X	
5	Prüfen, Lagern und Auswählen von Baustoffen und Bauhilfsstoffen		
6	Lesen und Anwenden von Plänen und Zeichnungen, Anfertigen von Skizzen, auch digital		6
7	Durchführen von Messungen mittels sowohl analoger als auch digitaler Messgeräte	X	
8	Herstellen von Bauteilen aus Beton und Stahlbeton	X	8
9	Herstellen von Baukörpern aus Steinen	X	
10	Herstellen von Baugruben und Gräben und Durchführen von Verbauarbeiten und Wasserhaltungen	X	20
11	Herstellen von Verkehrswegen	X	
12	Herstellen von Infrastrukturleitungen und Bohrungen	X	
13	Umbauen und Rückbauen von Baukörpern		4
14	Durchführen von qualitätssichernden Maßnahmen und Übergeben der Leistungen		4
		Wochen insgesamt:	**52**

* ÜBA = Berufsbildposition wird im Rahmen der überbetrieblichen Ausbildung ergänzt und vertieft. Im zweiten Ausbildungsjahr beträgt die überbetriebliche Ausbildung mindestens elf Wochen und kann bis zu maximal 13 Wochen ergänzt werden.

SP

3. Ausbildungsjahr

Abschnitt C:

Fertigkeiten, Kenntnisse und Fähigkeiten im Ausbildungsberuf Spezialtiefbauer und Spezialtiefbauerin (§ 9 Absatz 2)

Lfd. Nr.	Teil des Ausbildungsberufsbildes (Berufsbildpositionen)	ÜBA*	Zeitliche Richtwerte in Wochen im 25. bis 36. Monat
1	Übernehmen von Arbeitsaufträgen und kundenorientierte Kommunikation		4
2	Planen, Vorbereiten und Organisieren von Arbeitsaufgaben		
3	Einrichten, Sichern, Unterhalten und Räumen von Baustellen		
4	Bedienen und Instandhalten von Werkzeugen, Maschinen und Anlagen	X	6
5	Durchführen von Messungen mittels sowohl analoger als auch digitaler Messgeräte	X	2
6	Bearbeiten von Metallen	X	2
7	Herstellen von Bohrungen	X	6
8	Herstellen von Pfählen, Kleinbohrpfählen und Ankersystemen	X	8
9	Herstellen von Baugruben-, Hang- und Gebäudesicherungen	X	8
10	Herstellen von Baugrundverbesserungen	X	4
11	Durchführen von Ramm-, Press- und Vibrationsarbeiten	X	2
12	Herstellen von Schlitz- und Dichtwänden	X	8
13	umweltgerechte und ressourcenschonende Anwendung von Sonderverfahren im Spezialtiefbau		
14	Durchführen von qualitätssichernden Maßnahmen und Übergeben der Leistungen		4
		Wochen insgesamt:	**52**

* ÜBA = Berufsbildposition wird im Rahmen der überbetrieblichen Ausbildung ergänzt und vertieft. Im dritten Ausbildungsjahr beträgt die überbetriebliche Ausbildung mindestens sechs Wochen und kann bis zu maximal zehn Wochen ergänzt werden.

TB

während der gesamten Ausbildungszeit

Abschnitt D:

integrativ zu vermittelnde Fertigkeiten, Kenntnisse und Fähigkeiten (§ 4 Absatz 3 und § 9 Absatz 3)

Lfd. Nr.	Teil des Ausbildungsberufsbildes (Berufsbildpositionen)	Zeitliche Zuordnung
1	Organisation des Ausbildungsbetriebes, Berufsbildung sowie Arbeits- und Tarifrecht	**während der gesamten Ausbildung**
2	Sicherheit und Gesundheit bei der Arbeit	
3	Umweltschutz und Nachhaltigkeit	
4	digitalisierte Arbeitswelt	

TB

2.3 Berufsbildpositionen im zeitlichen Verlauf

Einige Berufsbildpositionen aus dem ersten Ausbildungsjahr werden im zweiten und teilweise im dritten Ausbildungsjahr fortgeführt. Entsprechend wird auch die Buchstabierung der Lernziele im Ausbildungsrahmenplan fortgeführt.

<table>
<tr><th colspan="2">Tiefbaufacharbeiter/-in (Schwerpunkt Brunnenbau- und Spezialtiefbauarbeiten)</th><th></th></tr>
<tr><th colspan="3">Spezialtiefbauer/-in</th></tr>
<tr><th>1. Ausbildungsjahr</th><th>2. Ausbildungsjahr</th><th>3. Ausbildungsjahr</th></tr>
<tr><td colspan="3">Übernehmen von Arbeitsaufträgen und kundenorientierte Kommunikation</td></tr>
<tr><td colspan="3">Planen, Vorbereiten und Organisieren von Arbeitsaufgaben</td></tr>
<tr><td colspan="3">Einrichten, Sichern, Unterhalten und Räumen von Baustellen</td></tr>
<tr><td colspan="3">Bedienen und Instandhalten von Werkzeugen, Maschinen und Anlagen</td></tr>
<tr><td colspan="2">Prüfen, Lagern und Auswählen von Baustoffen und Bauhilfsstoffen</td><td></td></tr>
<tr><td colspan="2">Lesen und Anwenden von Plänen und Zeichnungen,
Anfertigen von Skizzen, auch digital</td><td></td></tr>
<tr><td colspan="3">Durchführen von Messungen mittels sowohl analoger als auch digitaler Messgeräte</td></tr>
<tr><td>Bearbeiten von Holz und Holzwerkstoffen sowie Herstellen von Holzbauteilen</td><td colspan="2"></td></tr>
<tr><td colspan="2">Herstellen von Bauteilen aus Beton und Stahlbeton</td><td></td></tr>
<tr><td colspan="2">Herstellen von Baukörpern aus Steinen</td><td></td></tr>
<tr><td colspan="2">Herstellen von Baugruben und Gräben sowie Durchführen von Verbauarbeiten und Wasserhaltungen</td><td></td></tr>
<tr><td colspan="2">Herstellen von Verkehrswegen</td><td></td></tr>
<tr><td colspan="2">Herstellen von Infrastrukturleitungen und Bohrungen</td><td></td></tr>
<tr><td colspan="2">Umbauen und Rückbauen von Baukörpern</td><td></td></tr>
<tr><td colspan="2"></td><td>Bearbeiten von Metallen</td></tr>
<tr><td colspan="2"></td><td>Herstellen von Bohrungen</td></tr>
<tr><td colspan="2"></td><td>Herstellen von Pfählen, Kleinbohrpfählen und Ankersystemen</td></tr>
<tr><td colspan="2"></td><td>Herstellen von Baugruben-, Hang- und Gebäudesicherungen</td></tr>
<tr><td colspan="2"></td><td>Herstellen von Baugrundverbesserungen</td></tr>
<tr><td colspan="2"></td><td>Durchführen von Ramm-, Press- und Vibrationsarbeiten</td></tr>
<tr><td colspan="2"></td><td>Herstellen von Schlitz- und Dichtwänden</td></tr>
<tr><td colspan="2"></td><td>umweltgerechte und ressourcenschonende Anwendung von Sonderverfahren im Spezialtiefbau</td></tr>
<tr><td colspan="3">Durchführen von qualitätssichernden Maßnahmen und Übergeben der Leistungen</td></tr>
<tr><td colspan="3">Die Standardberufsbildpositionen werden ergänzend über alle drei Jahre vermittelt.</td></tr>
</table>

2.4 Ausbildungsrahmenplan

Im Folgenden ist für den Beruf Tiefbaufacharbeiter/-in im Schwerpunkt Brunnenbau- und Spezialtiefbauarbeiten (1. und 2. Ausbildungsjahr) sowie für den Beruf Spezialtiefbauer/-in (1. bis 3. Ausbildungsjahr) Anlage 5 der Tiefbauberufeausbildungsverordnung – TiefbauBAusbV abgebildet (Ausbildungsrahmenplan).

TB

▶ Abschnitt A: 1. Ausbildungsjahr

- schwerpunktübergreifende Fertigkeiten, Kenntnisse und Fähigkeiten (§ 4 Absatz 2),
- Fertigkeiten, Kenntnisse und Fähigkeiten im Schwerpunkt Brunnenbau- und Spezialtiefbauarbeiten im Ausbildungsberufsbild Tiefbaufacharbeiter und Tiefbaufacharbeiterin (§ 4 Absatz 4 Nummer 4) sowie
- Fertigkeiten, Kenntnisse und Fähigkeiten im Ausbildungsberufsbild Spezialtiefbauer und Spezialtiefbauerin (§ 9 Absatz 2)

* in Wochen, im 1. bis 12. Monat

	Teil des Ausbildungsberufsbildes/ Zu vermittelnde Fertigkeiten, Kenntnisse und Fähigkeiten	Zeitliche Richtwerte*
1	**Übernehmen von Arbeitsaufträgen und kundenorientierte Kommunikation (§ 4 Absatz 2 Satz 1 Nummer 1 sowie § 9 Absatz 2 Satz 1 Nummer 1)**	2
a)	Informationen zu Aufträgen aufnehmen, wiedergeben und auswerten	
b)	Gespräche situations- und adressatengerecht führen	
c)	durch eigenes Verhalten zur Kundenzufriedenheit und zum Betriebserfolg beitragen	
2	**Planen, Vorbereiten und Organisieren von Arbeitsaufgaben (§ 4 Absatz 2 Satz 1 Nummer 2 sowie § 9 Absatz 2 Satz 1 Nummer 2)**	
a)	Arbeitsschritte, Sicherungsmaßnahmen und Einsatz von Arbeitsmitteln planen	
b)	Betriebsanweisungen und technische Unterlagen, insbesondere Materiallisten, Betriebsanleitungen, Herstellerangaben, Normen, Sicherheitsregeln und Arbeitsanweisungen, anwenden	
c)	Witterungs- und Klimabedingungen bei der Planung von Arbeiten berücksichtigen	
d)	Arbeitsaufgaben im Team bearbeiten	
e)	Arbeitsaufgaben mit Hilfe von Informations- und Kommunikationssystemen lösen sowie analoge und digitale Informationen zu Bauteilen und zum Bauprozess berücksichtigen	
3	**Einrichten, Sichern, Unterhalten und Räumen von Baustellen (§ 4 Absatz 2 Satz 1 Nummer 3 sowie § 9 Absatz 2 Satz 1 Nummer 3)**	6
a)	Arbeitsplatz einrichten und unterhalten	
b)	ergonomische Gesichtspunkte bei der Einrichtung der Baustelle berücksichtigen	
c)	Verkehrs-, Transportwege und Lagerflächen auf ihre Eignung zur Nutzung beurteilen	
d)	Belüftung von Arbeitsräumen sicherstellen und Maßnahmen zur Vermeidung von Gefährdungen ergreifen	
e)	Materialien und Maschinen vor Witterungseinflüssen und Beschädigungen schützen sowie vor Diebstahl und unbefugtem Zugang sichern und für den Transport vorbereiten	
f)	vorangegangene Leistungen, auch anderer Gewerke, auf Sicht prüfen, Ergebnisse der Prüfung weiterleiten	

* in Wochen, im 1. bis 12. Monat

	Teil des Ausbildungsberufsbildes/ Zu vermittelnde Fertigkeiten, Kenntnisse und Fähigkeiten	Zeitliche Richt-werte*
g)	Gefahrenbereiche auf Baustellen erkennen	
h)	persönliche Schutzausrüstung entsprechend der Gefährdungsbeurteilung auswählen und verwenden sowie Sicherheits- und Gesundheitspläne beachten	
i)	Arbeits- und Schutzgerüste nach Vorgaben aufbauen, unterhalten und abbauen	
j)	die Betriebssicherheit von Arbeits- und Schutzgerüsten vor der Verwendung auf Sicht prüfen	
k)	Lichtquellen für den eigenen Arbeitsplatz einsetzen	
l)	Sicherheitsmaßnahmen beim Umgang mit elektrischem Strom ergreifen	
m)	Gefährdung durch Erd- und Freileitungen beachten	
n)	Sofortmaßnahmen zur Versorgung von verletzten Personen bei Arbeitsunfällen ergreifen, Unfallstelle sichern	
o)	Gefahrstoffe in Baustoffen und Bauhilfsstoffen unterscheiden, Schutzmaßnahmen ergreifen, Gefahrstoffe umweltgerecht lagern und Entsorgung veranlassen	
4	**Bedienen und Instandhalten von Werkzeugen, Maschinen und Anlagen (§ 4 Absatz 2 Satz 1 Nummer 4, § 4 Absatz 4 Nummer 4 Buchstabe a sowie § 9 Absatz 2 Satz 1 Nummer 4)**	
a)	Werkzeuge und Maschinen auswählen, auf Funktionsfähigkeit prüfen, pflegen und warten	
b)	Werkzeuge und Maschinen unter Verwendung der Schutzeinrichtungen und unter Beachtung des Schutzes vor Emissionen bedienen	
5	**Prüfen, Lagern und Auswählen von Baustoffen und Bauhilfsstoffen (§ 4 Absatz 2 Satz 1 Nummer 5 sowie § 9 Absatz 2 Satz 1 Nummer 5)**	
a)	den Einsatz von Baustoffen und Bauhilfsstoffen auf deren ökologische Auswirkungen reflektieren	
b)	Baustoffe und Bauhilfsstoffe, Fertigteile sowie Ein- und Anbauteile auf Verwendbarkeit und auf Fehler sichtprüfen	
c)	Baustoffe und Bauhilfsstoffe, Fertigteile sowie Ein- und Anbauteile anfordern, auf der Baustelle transportieren, bereitstellen und lagern	
d)	Arbeitsanweisungen beim Umgang mit Baustoffen und Bauhilfsstoffen, Fertigteilen sowie Ein- und Anbauteilen, insbesondere bei Gefahrstoffen, anwenden	
6	**Lesen und Anwenden von Plänen und Zeichnungen, Anfertigen von Skizzen, auch digital (§ 4 Absatz 2 Satz 1 Nummer 6 sowie § 9 Absatz 2 Satz 1 Nummer 6)**	
a)	Pläne und Zeichnungen lesen und anwenden	
b)	Skizzen anfertigen und anwenden	
c)	Mengen anhand von Plänen und Zeichnungen ermitteln	4
7	**Durchführen von Messungen mittels sowohl analoger als auch digitaler Messgeräte (§ 4 Absatz 2 Satz 1 Nummer 7 sowie § 9 Absatz 2 Satz 1 Nummer 7)**	
a)	Messgeräte auswählen und Funktionsfähigkeit sicherstellen	
b)	Längen, Höhen und Winkel anlegen, messen, sichern, prüfen und übertragen	

TB

* in Wochen, im 1. bis 12. Monat

	Teil des Ausbildungsberufsbildes/ Zu vermittelnde Fertigkeiten, Kenntnisse und Fähigkeiten	Zeitliche Richt-werte*
c)	Geraden ausfluchten	
d)	Messpunkte anlegen und sichern	
e)	Bauteile und Flächen abstecken und einmessen	
8	**Bearbeiten von Holz und Holzwerkstoffen sowie Herstellen von Holzbauteilen (§ 4 Absatz 2 Satz 1 Nummer 8 sowie § 9 Absatz 2 Satz 1 Nummer 8)**	**8**
a)	Holz und Holzwerkstoffe nach Verwendungszweck unterscheiden und auswählen	
b)	Untergründe auf Ebenheit, Trockenheit und Festigkeit prüfen, säubern und Mängel dokumentieren und anzeigen	
c)	Holz mit werkstoffspezifischen Werkzeugen bearbeiten	
d)	Holzverbindungen insbesondere durch Nageln und Schrauben herstellen	
e)	Holzbauteile montieren	
f)	Holz, Holzwerkstoffe und Holzbauteile witterungsgeschützt lagern	
9	**Herstellen von Bauteilen aus Beton und Stahlbeton (§ 4 Absatz 2 Satz 1 Nummer 9 sowie § 9 Absatz 2 Satz 1 Nummer 9)**	
a)	Schalungen für rechteckige Bauteile herstellen, mit Trennmitteln behandeln und betonierfähig aufbauen	
b)	Bewehrungsstahl zuschneiden, biegen, binden und einbauen	
c)	Beton nach Anforderung herstellen und die Verarbeitbarkeit auf Sicht prüfen	
d)	Beton von Hand einbringen, verdichten, abziehen und nachbehandeln	
e)	Schalungen rückbauen, reinigen und lagern	
10	**Herstellen von Baukörpern aus Steinen (§ 4 Absatz 2 Satz 1 Nummer 10 sowie § 9 Absatz 2 Satz 1 Nummer 10)**	
a)	Mörtel nach Anforderungen herstellen und auf Verarbeitbarkeit prüfen	
b)	Steine nach Materialien, Eigenschaften und Verwendungszweck unterscheiden und auswählen	
c)	Untergründe auf Ebenheit, Trockenheit und Festigkeit prüfen, säubern und Mängel anzeigen	
d)	Mauerwerk aus künstlichen Steinen in unterschiedlichen Formaten herstellen, dabei Verbandsarten unterscheiden	
e)	Baukörper aus Steinen vor Witterung schützen	
f)	Baukörper aus Steinen vor Feuchtigkeit schützen, insbesondere horizontale Abdichtung erstellen	

* in Wochen, im 1. bis 12. Monat

Teil des Ausbildungsberufsbildes/ Zu vermittelnde Fertigkeiten, Kenntnisse und Fähigkeiten		Zeitliche Richt-werte*
11	**Herstellen von Baugruben und Gräben sowie Durchführen von Verbauarbeiten und Wasserhaltungen (§ 4 Absatz 2 Satz 1 Nummer 11, § 4 Absatz 4 Nummer 4 Buchstabe b sowie § 9 Absatz 2 Satz 1 Nummer 11)**	**28**
a)	Bodenarten unterscheiden	
b)	Verfahren und Methoden der Baugrunderkundung unterscheiden	
c)	Oberboden abtragen, transportieren und lagern	
d)	Baugruben und Gräben auf die Notwendigkeit eines Verbaus nach Vorgaben prüfen	
e)	Baugruben und Gräben, insbesondere unter Beachtung der Arbeitssicherheit, profilgerecht ausheben und entsprechend der Arbeitsraumbreite und des Böschungswinkels herstellen	
f)	Wasserhaltungen unterscheiden und offene Wasserhaltung durchführen	
g)	Baugruben und Gräben durch Verbau, insbesondere mithilfe von Grabenverbaugeräten, sichern und auf Sicht prüfen	
h)	Planum herstellen, Baugruben- und Grabensohlen verdichten	
i)	Baugruben und Gräben lagenweise verfüllen und verdichten, im Zuge der Verfüllung den Verbau schrittweise rückbauen und Verdichtung überprüfen	
j)	Regeln zum Umgang mit Grundwasser und belastetem Aushub beachten	
12	**Herstellen von Verkehrswegen (§ 4 Absatz 2 Satz 1 Nummer 12 sowie § 9 Absatz 2 Satz 1 Nummer 12**	
a)	Planum durch Verdichten unter Beachtung des Gefälles, der Höhenlage und der Ebenflächigkeit herstellen	
b)	ungebundene Tragschichten herstellen	
c)	Einfassungen in Geraden herstellen	
d)	Oberflächen, insbesondere Pflasterdecken, Plattenbeläge und Rinnen, herstellen	
13	**Herstellen von Infrastrukturleitungen und Bohrungen (§ 4 Absatz 2 Satz 1 Nummer 13, § 4 Absatz 4 Nummer 4 Buchstabe c sowie § 9 Absatz 2 Satz 1 Nummer 13)**	
a)	Leitungen, insbesondere Bestandsleitungen, nach Material, Verwendungszweck und Medien unterscheiden	
b)	Leitungsdurchführungen in Fundamenten und Wänden herstellen und abdichten	
c)	Rohre und Profile bearbeiten	
d)	Rohre und Formstücke verlegen	
e)	Kontrollschächte herstellen und Leitungen anschließen	
f)	Dränung einbauen	

TB

* in Wochen, im 1. bis 12. Monat

	Teil des Ausbildungsberufsbildes/ Zu vermittelnde Fertigkeiten, Kenntnisse und Fähigkeiten	Zeitliche Richtwerte*
g)	Kabelleitungen einbringen	
h)	Dämmstoffe nach Materialien und Verwendungszweck, insbesondere für den Wärmeschutz für Rohrleitungen, unterscheiden, nach Herstellerangaben lagern und vorbereiten	
i)	Dämmstoffe zuschneiden und einbauen	
j)	Verfahren zum Herstellen von Bohrungen in Boden und Fels unterscheiden	
14	**Umbauen und Rückbauen von Baukörpern (§ 4 Absatz 2 Satz 1 Nummer 14 sowie § 9 Absatz 2 Satz 1 Nummer 14)**	2
a)	Baupläne beachten und mit örtlichen Gegebenheiten abgleichen	
b)	Verkehrswege und Bodenschichten abtragen, Stoffe getrennt lagern	
c)	tragende und nichttragende Bauteile unterscheiden	
d)	nichttragende Bauteile manuell nach Vorgabe rückbauen	
e)	Gefährdungspotentiale, insbesondere durch Asbest und Stäube, erkennen und Maßnahmen veranlassen	
15	**Durchführen von qualitätssichernden Maßnahmen und Übergeben der Leistungen (§ 4 Absatz 2 Satz 1 Nummer 15 sowie § 9 Absatz 2 Satz 1 Nummer 15)**	2
a)	eigene Arbeiten anhand von Vorgaben prüfen	
b)	Zwischenergebnisse dokumentieren	
c)	Zusammenhänge zwischen Qualität, Kundenzufriedenheit und Betriebserfolg berücksichtigen	

Abschnitt B: 2. Ausbildungsjahr

- schwerpunktübergreifende Fertigkeiten, Kenntnisse und Fähigkeiten (§ 4 Absatz 2),
- Fertigkeiten, Kenntnisse und Fähigkeiten im Schwerpunkt Brunnenbau- und Spezialtiefbauarbeiten im Ausbildungsberufsbild Tiefbaufacharbeiter und Tiefbaufacharbeiterin (§ 4 Absatz 4 Nummer 4) sowie
- Fertigkeiten, Kenntnisse und Fähigkeiten im Ausbildungsberufsbild Spezialtiefbauer und Spezialtiefbauerin (§ 9 Absatz 2)

* in Wochen, im 13. bis 24. Monat

Teil des Ausbildungsberufsbildes/ Zu vermittelnde Fertigkeiten, Kenntnisse und Fähigkeiten		Zeitliche Richtwerte*
1	**Übernehmen von Arbeitsaufträgen und kundenorientierte Kommunikation (§ 4 Absatz 2 Satz 1 Nummer 1 sowie § 9 Absatz 2 Satz 1 Nummer 1)**	
d)	Arbeitsaufträge hinsichtlich der Kundenanforderungen und betrieblichen Vorgaben auf Umsetzbarkeit prüfen und mit betrieblich beteiligten Personen abstimmen	
e)	technische Regelwerke, Bauvorschriften und allgemeine technische Vertragsbedingungen für Bauleistungen berücksichtigen	
f)	Wünsche und Einwände von Kunden und Kundinnen oder betrieblich beteiligten Personen entgegennehmen und weiterleiten	
2	**Planen, Vorbereiten und Organisieren von Arbeitsaufgaben (§ 4 Absatz 2 Satz 1 Nummer 2 sowie § 9 Absatz 2 Satz 1 Nummer 2)**	
f)	Arbeitsabläufe unter Berücksichtigung ergonomischer, ökologischer und ökonomischer Gesichtspunkte festlegen und vorbereiten	**2**
g)	digitale Endgeräte für die Planung und Durchführung der eigenen Arbeitsschritte nutzen	
h)	Leistungen anderer Gewerke bei der Planung einbeziehen und Vorleistungen berücksichtigen	
i)	Aufgaben im Team planen, mit weiteren beteiligten Personen abstimmen und umsetzen, Ergebnisse der Zusammenarbeit auswerten	
j)	Zeitaufwand und personelle Unterstützung abschätzen	
k)	ressourcenschonende Verwendung von Baustoffen und Bauhilfsstoffen planen und ausführen	
l)	Fachbegriffe, auch fremdsprachliche, auftragsbezogen anwenden	
m)	Informationen, insbesondere technische Merkblätter und Gebrauchsanleitungen, auswählen und nutzen	
3	**Einrichten, Sichern, Unterhalten und Räumen von Baustellen (§ 4 Absatz 2 Satz 1 Nummer 3 sowie § 9 Absatz 2 Satz 1 Nummer 3)**	
p)	bei der Bereitstellung von Ver- und Entsorgungseinrichtungen sowie von Unterkünften und sanitären Anlagen mitwirken	
q)	Leistungen vorangegangener Gewerke als Bedingung für die Durchführung der eigenen Tätigkeiten berücksichtigen	
r)	Maßnahmen zur Nutzung von Verkehrswegen umsetzen sowie Verkehrsleiteinrichtungen nach vorgegebenem Verkehrszeichenplan aufstellen und unterhalten	**8**
s)	ergonomische Arbeitsmittel und -hilfen verwenden sowie ergonomische Arbeitsweisen anwenden	
t)	Maßnahmen zum Schutz von Personen auf Baustellen ergreifen	
u)	Baustellensicherungsmaßnahmen durchführen	

TB

* in Wochen, im 13. bis 24. Monat

	Teil des Ausbildungsberufsbildes/ Zu vermittelnde Fertigkeiten, Kenntnisse und Fähigkeiten	Zeitliche Richtwerte*
v)	Lage von Ver- und Entsorgungsleitungen feststellen und Ver- und Entsorgungsleitungen vor Beschädigung schützen, Kampfmittelfreigabe beachten	
w)	Betriebssicherheit von Arbeitshilfen, insbesondere von Gerüsten und Leitern, beurteilen, Mängel dokumentieren und Dokumentation weiterleiten	
x)	Lastaufnahme- und Anschlagmittel unterscheiden, auswählen, überprüfen und einsetzen	
y)	Maßnahmen bei Arbeiten mit Staubbelastung ergreifen	
z)	Abfall- und Reststoffe auf der Baustelle sortenrein trennen, lagern und den Abtransport vorbereiten, dabei kreislaufwirtschaftliche Gesichtspunkte berücksichtigen	
aa)	Maschinen, Anbaugeräte und Anlagen ressourcensparend betreiben	
bb)	Verbrauchsgüter auffangen und umweltgerechte Entsorgung veranlassen	
cc)	Flurschäden vermeiden und beseitigen	
dd)	Baustoffe und Bauhilfsstoffe, Werkzeuge, Maschinen, Anbaugeräte und Anlagen für den Abtransport vorbereiten und verladen	
ee)	Ver- und Entsorgungseinrichtungen, Unterkünfte und sanitäre Anlagen für den Abtransport vorbereiten	
ff)	geräumte Arbeitsplätze übergeben	
4	**Bedienen und Instandhalten von Werkzeugen, Maschinen und Anlagen (§ 4 Absatz 2 Satz 1 Nummer 4, § 4 Absatz 4 Nummer 4 Buchstabe a sowie § 9 Absatz 2 Satz 1 Nummer 4)**	
c)	Maschinen, Anbaugeräte und Anlagen auswählen, Maschinen einrichten, Anbaugeräte anbauen, Anlagen aufbauen sowie Maschinen, Anbaugeräte und Anlagen bedienen, pflegen und warten	
d)	In- und Außerbetriebnahme von Maschinen, Anbaugeräten und Anlagen durchführen	
e)	Störungen an Maschinen erkennen, Störungsbeseitigung veranlassen	
f)	technische Hilfsmittel zur Klimatisierung und Staubminimierung auswählen und auf Funktionsfähigkeit prüfen, einrichten und bedienen	
g)	Maschinen, Anbaugeräte und Anlagen auf Dichtheit prüfen, um Verunreinigung der Umwelt zu vermeiden	
h)	Minibagger und Radlader außerhalb des öffentlichen Straßenverkehrs führen	
5	**Prüfen, Lagern und Auswählen von Baustoffen und Bauhilfsstoffen (§ 4 Absatz 2 Satz 1 Nummer 5 sowie § 9 Absatz 2 Satz 1 Nummer 5)**	
e)	Baustoffe und Bauhilfsstoffe, Fertigteile sowie Ein- und Anbauteile nach Art und Eigenschaften unterscheiden, auswählen und dem Arbeitsauftrag zuordnen	
f)	Umwelt-, Arbeits- und Sozialstandards bei der Auswahl von Baustoffen und Bauhilfsstoffen berücksichtigen	
g)	Bedarf an Baustoffen und Bauhilfsstoffen, Fertigteilen sowie Ein- und Anbauteilen ermitteln und diese anfordern und bereitstellen	
h)	Baustoffe und Bauhilfsstoffe, Fertigteile sowie Ein- und Anbauteile auf Vollständigkeit, Beschädigung und Maßhaltigkeit prüfen, Ergebnisse dokumentieren und bei Abweichungen Maßnahmen ergreifen	

TB

* in Wochen, im 13. bis 24. Monat

Teil des Ausbildungsberufsbildes/ Zu vermittelnde Fertigkeiten, Kenntnisse und Fähigkeiten		Zeitliche Richt-werte*
6	**Lesen und Anwenden von Plänen und Zeichnungen, Anfertigen von Skizzen, auch digital (§ 4 Absatz 2 Satz 1 Nummer 6 sowie § 9 Absatz 2 Satz 1 Nummer 6)**	6
d)	Zeichnungen auf Übereinstimmung mit den Gegebenheiten auf der Baustelle prüfen	
e)	Aufmaße und Bestandsskizzen für durchzuführende Arbeiten erstellen	
f)	digitale Endgeräte verwenden, branchenübliche Software nutzen	
g)	bemaßte Einbauskizzen und Pläne unter Anwendung normgerechter Sinnbilder anfertigen	
h)	Schichtenprofile und Ausbaupläne für Bohrungen lesen und anwenden, Brunnenausbaupläne anfertigen	
i)	Einmessskizzen, Aufmaßskizzen und Herstellprotokolle anfertigen	
7	**Durchführen von Messungen mittels sowohl analoger als auch digitaler Messgeräte (§ 4 Absatz 2 Satz 1 Nummer 7 sowie § 9 Absatz 2 Satz 1 Nummer 7)**	
f)	Höhen-, Lage-, Längen-, Richtungs- und Winkelmessungen, auch digital und satellitengestützt, durchführen	
g)	Messungen in Bohrungen und Brunnen durchführen	
8	**Herstellen von Bauteilen aus Beton und Stahlbeton (§ 4 Absatz 2 Satz 1 Nummer 9 sowie § 9 Absatz 2 Satz 1 Nummer 9)**	8
f)	Auf- und Widerlager herstellen	
g)	Schalungen herstellen, aufbauen, versteifen und abspannen	
h)	Bewehrungen herstellen und einbauen	
i)	Einbauteile montieren	
j)	Betone nach Verwendungszweck und Eigenschaften unterscheiden und auf Sicht prüfen	
k)	Frischbetonprüfung durchführen	
l)	Frischbeton mit Maschinen fördern, einbringen, verdichten, abziehen, glätten und nachbehandeln	
m)	Fertigteile transportieren, lagern und einbauen	
n)	Bauwerke gegen nichtdrückendes und drückendes Wasser durch Beschichtungen abdichten	
9	**Herstellen von Baukörpern aus Steinen (§ 4 Absatz 2 Satz 1 Nummer 10 sowie § 9 Absatz 2 Satz 1 Nummer 10)**	
g)	Schachtsohle herstellen und Außendichtungen anbringen	
h)	Schachtbauwerke herstellen, auch aus Fertigteilen	
i)	Aussparungen und Bohrungen herstellen und schließen	
j)	Schachtabdeckungen einbauen	

TB

* in Wochen, im 13. bis 24. Monat

	Teil des Ausbildungsberufsbildes/ Zu vermittelnde Fertigkeiten, Kenntnisse und Fähigkeiten	Zeitliche Richt-werte*
10	**Herstellen von Baugruben und Gräben und Durchführen von Verbauarbeiten und Wasserhaltungen (§ 4 Absatz 2 Satz 1 Nummer 11, § 4 Absatz 4 Nummer 4 Buchstabe b sowie § 9 Absatz 2 Satz 1 Nummer 11)**	
k)	Baugrund beurteilen	
l)	Hindernisse im Baugrund feststellen sowie Unregelmäßigkeiten und Gefährdungen im Baugrund erkennen und melden	
m)	Maßnahmen zum Auffinden von Ver- und Entsorgungsleitungen durchführen, insbesondere Suchschlitze herstellen	
n)	Böschungen entsprechend der Bodenarten anlegen	
o)	Verbauarten, insbesondere hinsichtlich der örtlichen Gegebenheiten, des Grundwassers, der Tiefe und der statischen Erfordernisse, unterscheiden	
p)	Baugruben und Gräben durch Normverbau sichern und auf Sicht prüfen	
q)	Auswirkungen der Witterungsverhältnisse auf die Bodenbeschaffenheit sowie den Verbau beurteilen und berücksichtigen	
r)	vorhandene Leitungen sichern	
s)	Werkzeuge und Maschinen zum Ausheben, Einbauen und Verdichten von Böden unterscheiden, auswählen und einsetzen	
t)	Böden lösen, laden, fördern, lagern, auf Einbaufähigkeit prüfen, einbauen und verdichten	
u)	Verfüllbaustoffe auf ihre ökologischen Auswirkungen, insbesondere hinsichtlich der Kohlendioxid-Bilanz, unter Einbeziehung kreislaufwirtschaftlicher Gesichtspunkte einschätzen	**20**
v)	Aufbau- und Herstellungsverfahren der offenen und geschlossenen Wasserhaltung unterscheiden, Wasserhaltung betreiben und überwachen, insbesondere Absenkziel messen und dokumentieren	
11	**Herstellen von Verkehrswegen (§ 4 Absatz 2 Satz 1 Nummer 12 sowie § 9 Absatz 2 Satz 1 Nummer 12)**	
e)	Straßenoberbau aufnehmen, Baustoffe auf Wiederverwendbarkeit prüfen und getrennt lagern	
f)	Planum herstellen und auf Tragfähigkeit, Höhenlage, Ebenheit und Verdichtung prüfen	
g)	Einbaumaterialien auf Beschaffenheit und Verwendungsfähigkeit prüfen, einbauen und verdichten	
h)	gebundene und ungebundene Tragschichten unter Beachtung der Dicke, Ebenheit und der profilgerechten Lage einbauen und verdichten	
i)	Einfassungen herstellen	
j)	Bettung für Pflasterdecken und Plattenbeläge herstellen	
k)	Pflaster- und Plattenverbandsarten unterscheiden, Pflasterdecken und Plattenbeläge nach Aufgrabungen mit künstlichen und natürlichen Steinen wiederherstellen	
l)	Unterlage für den Asphalteinbau vorbereiten und prüfen	
m)	Einbaumaterialien, insbesondere auf Temperatur, prüfen	
n)	Asphaltschichten nach Aufgrabungen manuell und maschinell einbauen und verdichten	

TB

* in Wochen, im 13. bis 24. Monat

Teil des Ausbildungsberufsbildes/ Zu vermittelnde Fertigkeiten, Kenntnisse und Fähigkeiten		Zeitliche Richt-werte*
o)	Asphaltschichten auf Schichtdicke und Ebenheit prüfen	
p)	Anschlüsse, Nähte, Fugen und Ränder herstellen	
12	**Herstellen von Infrastrukturleitungen und Bohrungen (§ 4 Absatz 2 Satz 1 Nummer 13, § 4 Absatz 4 Nummer 4 Buchstabe c sowie § 9 Absatz 2 Satz 1 Nummer 13)**	
k)	Freispiegel- und Druckrohrleitungen unterscheiden	
l)	Rohre für die Ver- und Entsorgung aus Metallen, Kunststoffen und Verbundwerkstoffen auswählen sowie trennen, bearbeiten, verbinden und einbauen	
m)	Einbindungen in bestehende Rohrleitungen herstellen	
n)	Hausanschlussleitungen herstellen	
o)	Rohrleitungen auf Dichtheit prüfen	
p)	Rohrleitungen spülen und desinfizieren	
q)	oberirdische Rohrleitungen zum Ableiten von Grundwasser oder Suspensionen verlegen und überwachen	
r)	Rohre in geschlossener Bauweise horizontal und geneigt einbauen	
s)	Verfahren zum Herstellen von Bohrungen im Brunnen- und Spezialtiefbau unterscheiden	
t)	Verfahren für die Gewinnung von Erdwärme unterscheiden	
u)	Bohrungen in verschiedenen Verfahren, insbesondere Trocken- und Spülbohrverfahren, herstellen	
v)	Bodenproben bei Bohrarbeiten, insbesondere bei Baugrunderkundungen, entnehmen, benennen und beschreiben und im Schichtenverzeichnis dokumentieren	
w)	Suspension und Stützflüssigkeiten nach Verwendungszweck herstellen, Parameter messen und dokumentieren	
x)	Bohrgeräte und Zubehör unterscheiden und einsetzen	
y)	Bohrungen in unterschiedlichen Techniken ausbauen	
z)	Ausbaumaterialien für verschiedene Zwecke vorbereiten und einbauen	
aa)	Einbaumaterialien in unterschiedlichen Verfahren in Bohrungen einbringen	
bb)	Förderanlagen für Flüssigkeiten und Suspensionen auswählen, sowie aufbauen, betreiben und abbauen	
13	**Umbauen und Rückbauen von Baukörpern (§ 4 Absatz 2 Satz 1 Nummer 14 sowie § 9 Absatz 2 Satz 1 Nummer 14)**	
f)	Bestandspläne, insbesondere Leitungspläne, beachten und mit örtlichen Gegebenheiten abgleichen	4
g)	Beton- und Stahlbetonteile demontieren und stofflich trennen	
h)	Holzbauteile und Stahlträger unter statischen Gesichtspunkten montieren und demontieren	
i)	Gefahrstoffe erkennen, Sicherung oder Demontage und Entsorgung veranlassen	

TB

* in Wochen, im 13. bis 24. Monat

Teil des Ausbildungsberufsbildes/ Zu vermittelnde Fertigkeiten, Kenntnisse und Fähigkeiten		Zeitliche Richt-werte*
14	**Durchführen von qualitätssichernden Maßnahmen und Übergeben der Leistungen (§ 4 Absatz 2 Satz 1 Nummer 15 sowie § 9 Absatz 2 Satz 1 Nummer 15)**	4
d)	Arbeitsergebnisse dokumentieren und von anderen erbrachte Leistungen sowie Mess- und Prüfergebnisse berücksichtigen	
e)	Tätigkeitsnachweise erstellen, Zeitaufwand und Materialverbrauch erfassen	
f)	Aufmaße und Protokolle über durchgeführte Arbeiten erstellen	
g)	Kunden und Kundinnen sowie betrieblich beteiligte Personen über fertiggestellte Arbeiten informieren	
h)	zur Verbesserung der Arbeit im eigenen Arbeitsbereich beitragen	

SP

▶ Abschnitt C: 3. Ausbildungsjahr

▸ Fertigkeiten, Kenntnisse und Fähigkeiten im Ausbildungsberufsbild Spezialtiefbauer und Spezialtiefbauerin (§ 9 Absatz 2)

* in Wochen, im 25. bis 36.Monat

	Teil des Ausbildungsberufsbildes/ Zu vermittelnde Fertigkeiten, Kenntnisse und Fähigkeiten	Zeitliche Richtwerte*
1	**Übernehmen von Arbeitsaufträgen und kundenorientierte Kommunikation (§ 9 Absatz 2 Satz 1 Nummer 1)**	4
g)	Fachbegriffe für Bauweisen und Bauteile anwenden	
h)	mit am Bauprozess beteiligten Personen kommunizieren	
2	**Planen, Vorbereiten und Organisieren von Arbeitsaufgaben (§ 9 Absatz 2 Satz 1 Nummer 2)**	
n)	Informationen zum Baugrund, insbesondere über Gefahrstoffbelastungen, sowie zu Materialvorgaben, Zeitrichtwerten und Leistungsbeschreibungen erfassen und Vorgaben unter Berücksichtigung bodenmechanischer, baulicher und räumlicher Anforderungen auf Umsetzbarkeit prüfen	
o)	branchenübliche Software anwenden	
p)	Arbeitsprozesse kontinuierlich dokumentieren	
q)	Prüf- und Messergebnisse sowie Witterungsbedingungen, dokumentieren und bewerten	
r)	Anwendungsgebiete und Merkmale von Bauteilen und Bauwerken im Spezialtiefbau unterscheiden	
3	**Einrichten, Sichern, Unterhalten und Räumen von Baustellen (§ 9 Absatz 2 Satz 1 Nummer 3)**	
gg)	besondere Maßnahmen für Arbeiten am und auf dem Wasser unterscheiden und anwenden	
hh)	Sicherungsmaßnahmen entsprechend der Gefährdungsbeurteilung durchführen	
ii)	für den Bauablauf optimierte verfahrensbezogene Baustelleneinrichtungen aufbauen	
jj)	geräumte Baustelle und Teilabschnitte übergeben	
4	**Bedienen und Instandhalten von Werkzeugen, Maschinen und Anlagen (§ 9 Absatz 2 Satz 1 Nummer 4)**	6
i)	Grundgeräte im Spezialtiefbau, insbesondere Großdrehbohrgeräte und Ankerbohrgeräte, nach Funktion unterscheiden und deren Baugruppen benennen	
j)	Anbaugeräte sowie Werkzeuge für den Bohreinsatz, insbesondere für Großdrehbohrgeräte und Ankerbohrgeräte, vorbereiten und montieren	
k)	Anbaugeräte sowie Zubehör für Dicht- und Schlitzwandtechnik vorbereiten und montieren	
l)	Anbaugeräte sowie Werkzeuge und Zubehör für Ramm- und Vibriertechniken vorbereiten und montieren	
m)	Injektionskomponenten, insbesondere Injektionspumpen, Mischer, Förder- und Bevorratungsanlagen zu Injektionseinheiten zusammenbauen und bedienen	
n)	Mess-, Regel- und Sicherheitseinrichtungen installieren, überprüfen und bedienen sowie Prüf- und Messergebnisse dokumentieren	

SP

* in Wochen, im 25. bis 36.Monat

	Teil des Ausbildungsberufsbildes/ Zu vermittelnde Fertigkeiten, Kenntnisse und Fähigkeiten	Zeitliche Richtwerte*
5	**Durchführen von Messungen mittels sowohl analoger als auch digitaler Messgeräte (§ 9 Absatz 2 Satz 1 Nummer 7)**	2
h)	Funktionsweise von satellitengestützten und stationären Messsystemen unterscheiden	
i)	Koordinatensysteme anwenden	
6	**Bearbeiten von Metallen (§ 9 Absatz 2 Satz 1 Nummer 16)**	2
a)	Werkstücke mittels Schraubverbindungen und Schweißtechnik herstellen	
7	**Herstellen von Bohrungen (§ 9 Absatz 2 Satz 1 Nummer 17)**	6
a)	Bohrungen nach vorgegebenen Verfahren vorbereiten und durchführen, insbesondere für die Herstellung von Pfählen sowie den Einbau von Trägern	
b)	Kleinbohrungen, insbesondere für Injektionen und Anker, herstellen	
c)	Rohre in geschlossener Bauweise horizontal und geneigt einbauen	
8	**Herstellen von Pfählen, Kleinbohrpfählen und Ankersystemen (§ 9 Absatz 2 Satz 1 Nummer 18)**	8
a)	Pfahltypen nach Einsatzzweck, Lastabtrag, Material und Herstellverfahren unterscheiden	
b)	Kleinbohrpfähle und Ankersysteme einbauen sowie Nachverpressungen durchführen	
c)	Ankerkopfkonstrunktionen unterscheiden, einbauen und kontrollieren sowie Anker spannen und Ankerprüfungen durchführen	
9	**Herstellen von Baugruben-, Hang- und Gebäudesicherungen (§ 9 Absatz 2 Satz 1 Nummer 19)**	8
a)	Verfahren zur Sicherung von Baugruben, Hängen und Gebäuden unterscheiden	
b)	Verbau, insbesondere durch Träger und Ausfachungen, herstellen	
c)	Böschungen und Geländesprünge, insbesondere mit vernageltem Spritzbeton, sichern	
d)	horizontale Abstützung und Baugrubenabdichtungen durch Sohlen herstellen	
10	**Herstellen von Baugrundverbesserungen (§ 9 Absatz 2 Satz 1 Nummer 20)**	4
a)	Herstellungsverfahren und Anwendungsbereiche von Nieder- und Hochdruckinjektionen unterscheiden und anwenden	
b)	Baugrundverbesserungsverfahren, insbesondere Rüttelstopf- und Rütteldruckverdichtung, unterscheiden und anwenden	
c)	Entwässerungsverfahren zur Baugrundverbesserung unterscheiden und anwenden	
d)	Bodenmischverfahren unterscheiden und anwenden	

SP

* in Wochen, im 25. bis 36.Monat

	Teil des Ausbildungsberufsbildes/ Zu vermittelnde Fertigkeiten, Kenntnisse und Fähigkeiten	Zeitliche Richt-werte*
11	**Durchführen von Ramm-, Press- und Vibrationsarbeiten (§ 9 Absatz 2 Satz 1 Nummer 21)**	**2**
a)	Rammlehren herstellen	
b)	Bauteile, insbesondere Spundbohlen oder Stahlträger, einbringen und ziehen	
12	**Herstellen von Schlitz- und Dichtwänden (§ 9 Absatz 2 Satz 1 Nummer 22)**	**8**
a)	Leitwände herstellen	
b)	Verfahren für die Herstellung von Schlitz- und Dichtwänden unterscheiden und anwenden	
c)	Bentonit- und Dichtwandsuspensionen herstellen, prüfen und aufbereiten	
d)	Schlitze bewehren und im Kontraktorverfahren betonieren	
e)	Trag- und Dichtelemente in Dichtwände einbauen	
13	**umweltgerechte und ressourcenschonende Anwendung von Sonderverfahren im Spezialtiefbau (§ 9 Absatz 2 Satz 1 Nummer 23)**	
a)	Sonderverfahren im Spezialtiefbau kennen und unterscheiden	
b)	Reinigungsverfahren für Grundwasser und Boden unterscheiden	
c)	rechtliche Regelungen bei Arbeiten in Bereichen von Altlasten und Deponien einhalten	
d)	besondere Anforderungen an Verfahren bei Arbeiten in Bereichen von Altlasten und Deponien zur Verhinderung oder Behebung von Umweltschäden beachten	
e)	Verfahren zum Umgang mit und zur Behandlung von Reststoffen unterscheiden und anwenden	
f)	Hilfsstoffe, insbesondere Wasser und Suspension, aufbereiten und wiederverwenden	
14	**Durchführen von qualitätssichernden Maßnahmen und Übergeben der Leistungen (§ 9 Absatz 2 Satz 1 Nummer 15)**	**4**
i)	Qualitätssicherungspläne beachten und umsetzen	
j)	Arbeitsergebnisse kontrollieren, beurteilen und dokumentieren	
k)	Qualitätsabweichungen feststellen und Maßnahmen zur Behebung von Qualitätsabweichungen ergreifen	
l)	Messungen für Verformungs- und Richtungskontrollen durchführen	
m)	Aufmaß nach Normen und Richtlinien erstellen	

TB

Abschnitt D: integrativ zu vermittelnde Fertigkeiten, Kenntnisse und Fähigkeiten

Die Standardberufsbildpositionen sind während der gesamten Berufsausbildung zu vermitteln.

Teil des Ausbildungsberufsbildes/ Zu vermittelnde Fertigkeiten, Kenntnisse und Fähigkeiten	
1	**Organisation des Ausbildungsbetriebes, Berufsbildung sowie Arbeits- und Tarifrecht (§ 4 Absatz 3 Nummer 1 sowie § 9 Absatz 3 Nummer 1)**
a)	den Aufbau und die grundlegenden Arbeits- und Geschäftsprozesse des Ausbildungsbetriebes erläutern
b)	Rechte und Pflichten aus dem Ausbildungsvertrag sowie Dauer und Beendigung des Ausbildungsverhältnisses erläutern und Aufgaben der im System der dualen Berufsausbildung Beteiligten beschreiben
c)	die Bedeutung, die Funktion und die Inhalte der Ausbildungsordnung und des betrieblichen Ausbildungsplans erläutern sowie zu deren Umsetzung beitragen
d)	die für den Ausbildungsbetrieb geltenden arbeits-, sozial-, tarif- und mitbestimmungsrechtlichen Vorschriften erläutern
e)	Grundlagen, Aufgaben und Arbeitsweise der betriebsverfassungs- oder personalvertretungsrechtlichen Organe des Ausbildungsbetriebes erläutern
f)	Beziehungen des Ausbildungsbetriebs und seiner Beschäftigten zu Wirtschaftsorganisationen und Gewerkschaften erläutern
g)	Positionen der eigenen Entgeltabrechnung erläutern
h)	wesentliche Inhalte von Arbeitsverträgen erläutern
i)	Möglichkeiten des beruflichen Aufstiegs und der beruflichen Weiterentwicklung erläutern
2	**Sicherheit und Gesundheit bei der Arbeit (§ 4 Absatz 3 Nummer 2 sowie § 9 Absatz 3 Nummer 2)**
a)	Rechte und Pflichten aus den berufsbezogenen Arbeitsschutz- und Unfallverhütungsvorschriften kennen und diese Vorschriften anwenden
b)	Gefährdungen von Sicherheit und Gesundheit am Arbeitsplatz und auf dem Arbeitsweg prüfen und beurteilen
c)	sicheres und gesundheitsgerechtes Arbeiten erläutern
d)	technische und organisatorische Maßnahmen zur Vermeidung von Gefährdungen sowie von psychischen und physischen Belastungen für sich und andere, auch präventiv, ergreifen
e)	ergonomische Arbeitsweisen beachten und anwenden
f)	Verhaltensweisen bei Unfällen beschreiben und erste Maßnahmen bei Unfällen einleiten
g)	betriebsbezogene Vorschriften des vorbeugenden Brandschutzes anwenden, Verhaltensweisen bei Bränden beschreiben und erste Maßnahmen zur Brandbekämpfung ergreifen
3	**Umweltschutz und Nachhaltigkeit (§ 4 Absatz 3 Nummer 3 sowie § 9 Absatz 3 Nummer 3)**
a)	Möglichkeiten zur Vermeidung betriebsbedingter Belastungen für Umwelt und Gesellschaft im eigenen Aufgabenbereich erkennen und zu deren Weiterentwicklung beitragen
b)	bei Arbeitsprozessen und im Hinblick auf Produkte, Waren oder Dienstleistungen Materialien und Energie unter wirtschaftlichen, umweltverträglichen und sozialen Gesichtspunkten der Nachhaltigkeit nutzen

Teil des Ausbildungsberufsbildes/ Zu vermittelnde Fertigkeiten, Kenntnisse und Fähigkeiten	
c)	für den Ausbildungsbetrieb geltende Regelungen des Umweltschutzes einhalten
d)	Abfälle vermeiden sowie Stoffe und Materialien einer umweltschonenden Wiederverwertung oder Entsorgung zuführen
e)	Vorschläge für nachhaltiges Handeln für den eigenen Arbeitsbereich entwickeln
f)	unter Einhaltung betrieblicher Regelungen im Sinne einer ökonomischen, ökologischen und sozial nachhaltigen Entwicklung zusammenarbeiten und adressatengerecht kommunizieren
4	**digitalisierte Arbeitswelt (§ 4 Absatz 3 Nummer 4 sowie § 9 Absatz 3 Nummer 4)**
a)	mit eigenen und betriebsbezogenen Daten sowie mit Daten Dritter umgehen und dabei die Vorschriften zum Datenschutz und zur Datensicherheit einhalten
b)	Risiken bei der Nutzung von digitalen Medien und informationstechnischen Systemen einschätzen und bei deren Nutzung betriebliche Regelungen einhalten
c)	ressourcenschonend, adressatengerecht und effizient kommunizieren sowie Kommunikationsergebnisse dokumentieren
d)	Störungen in Kommunikationsprozessen erkennen und zu ihrer Lösung beitragen
e)	Informationen in digitalen Netzen recherchieren und aus digitalen Netzen beschaffen sowie Informationen, auch fremde, prüfen, bewerten und auswählen
f)	Lern- und Arbeitstechniken sowie Methoden des selbstgesteuerten Lernens anwenden, digitale Lernmedien nutzen und Erfordernisse des lebensbegleitenden Lernens erkennen und ableiten
g)	Aufgaben zusammen mit Beteiligten, einschließlich der Beteiligten anderer Arbeits- und Geschäftsbereiche, auch unter Nutzung digitaler Medien, planen, bearbeiten und gestalten
h)	Wertschätzung anderer unter Berücksichtigung gesellschaftlicher Vielfalt praktizieren

TB

3 Berufsschule als Lernort der dualen Ausbildung

Die Rahmenlehrpläne für die Berufsausbildungen bilden die Struktur der Bauwirtschaftsberufe ab und sind im ersten Ausbildungsjahr für alle Bauwirtschaftsberufe identisch, im zweiten Ausbildungsjahr entsprechend den Schwerpunkten sowie im dritten Ausbildungsjahr nach den jeweiligen Berufen differenziert. Der Rahmenlehrplan wird in Lernfelder unterteilt.

Übersicht Lernfelder

Tiefbaufacharbeiter/-in (Schwerpunkt Brunnenbau- und Spezialtiefbauarbeiten) und Spezialtiefbauer/-in				
Ausbildungsberuf	**Ausbildungsjahr**	**Lernfeld Nr.**	**Lernfeld**	**Zeitrichtwerte in Unterrichtsstunden**
alle Berufe der Bauwirtschaft; Tiefbaufacharbeiter/-in; Spezialtiefbauer/-in	1.	1	Baustellen einrichten	20
		2	Bauwerke erschließen und gründen	60
		3	Einschalige Baukörper mauern	60
		4	Stahlbetonbauteile herstellen	60
		5	Holzkonstruktionen herstellen	60
		6	Bauteile beschichten und bekleiden	60
Tiefbaufacharbeiter/-in; Spezialtiefbauer/-in	2.	7	Baugrund erkunden	80
		8	Bohrungen abteufen	80
		9	Rohrleitungen einbauen	40
		10	Spezialtiefbauarbeiten ausführen	80
Spezialtiefbauer/-in	3.	11	Tiefgründungen herstellen	60
		12	Baugruben sichern	80
		13	Baugrund verbessern	60
		14	Rohre grabenlos einbauen	40
		15	Umweltschäden verhindern und beheben	40
			Insgesamt:	**880 Stunden**

4 Prüfungen

4.1 Tiefbaufacharbeiter/-in

Prüfungsform beim Ausbildungsberuf Tiefbaufacharbeiter/-in mit dem Schwerpunkt Brunnenbau- und Spezialtiefbauarbeiten ist die konventionelle Prüfung. Die konventionelle Prüfung sieht eine Zwischenprüfung und eine Gesellen- oder Abschlussprüfung vor. Ob es sich um eine Gesellen- oder Abschlussprüfung handelt, hängt davon ab, bei welcher Kammer das Ausbildungsverhältnis eingetragen ist. Im Handwerk schließt eine Ausbildung mit einer Gesellenprüfung ab. Im Bereich Industrie und Handel wird eine Abschlussprüfung durchgeführt.

Tiefbaufacharbeiter/-in (Schwerpunkt Brunnenbau- und Spezialtiefbauarbeiten)

	Zwischenprüfung		Gesellen- oder Abschlussprüfung		
Prüfungsbereiche	„Durchführen von Arbeiten im Tiefbau"		„Herstellen von Baukörpern"	„Durchführen von Tiefbauarbeiten"	„Wirtschafts- und Sozialkunde"
Prüfungsinstrumente	Arbeitsaufgabe, Dokumentieren mit praxisüblichen Unterlag en	Schriftlich zu bearbeitende Aufgaben	Arbeitsaufgabe, Dokumentieren mit praxisüblichen Unterlagen	Schriftlich zu bearbeitende Aufgaben	Schriftlich zu bearbeitende Aufgaben
Prüfungszeiten	6 Std.	60 Min.	7 Std.	120 Min.	60 Min.
Gewichtung			60 %	30 %	10 %

[▲ Kapitel 2.1 „Paragrafen der Ausbildungsordnung" Abschnitt 2]

Für die **Zwischenprüfung** im Ausbildungsberuf Tiefbaufacharbeiter/-in mit dem Schwerpunkt Brunnenbau- und Spezialtiefbauarbeiten sind die Inhalte des Ausbildungsrahmenplans (Anlage 1) in den Abschnitten A und D relevant.
Die Zwischenprüfung im Ausbildungsberuf Tiefbaufacharbeiter/-in ist für alle Auszubildenden im Bereich Tiefbau – unabhängig vom Schwerpunkt – gleich aufgebaut. Die Zwischenprüfung sieht eine praktische und eine schriftliche Prüfung vor.
Für die **Gesellen- oder Abschlussprüfung** sind alle während der gesamten Ausbildungszeit vermittelten Fertigkeiten, Kenntnisse und Fähigkeiten relevant. Die Gesellen- oder Abschlussprüfung bezieht sich auf die gesamte Ausbildungszeit. Dementsprechend gilt Anlage 1, Abschnitte A, B und D.
Im Prüfungsbereich „Herstellen von Baukörpern" werden die Kompetenzen in einer **praktischen** Prüfung an einer von drei Tätigkeiten geprüft, die unter § 19 Absatz 2 aufgeführt sind. Der Prüfungsausschuss wählt die Tätigkeit aus. Dabei muss die schwerpunktmäßige Ausrichtung der Ausbildung des Prüflings berücksichtigt werden.

Anrechnung von Prüfungsleistungen

Die Prüfungsbereiche der Abschlussprüfung „Herstellen von Baukörpern" sowie „Durchführen von Tiefbauarbeiten" sind identisch mit Teil 1 der „Gestreckten Abschlussprüfung" im Beruf Spezialtiefbauer/-in. Bei der Anrechnung der Prüfungsleistungen im zweijährigen Beruf zwecks Fortsetzung der Ausbildung (drittes Ausbildungsjahr) im Beruf Spezialtiefbauer/-in (Anrechnungsmodell) werden die Prüfungsergebnisse der beiden Prüfungsbereiche entsprechend der Gewichtung des Teils 1 der „Gestreckten Abschlussprüfung" berücksichtigt.

TF

4.1.1 Zwischenprüfung

Grundlage für die praktische und schriftliche Prüfung im Prüfungsbereich „Durchführen von Arbeiten im Tiefbau" sind Prüfungsanforderungen in Form von Kompetenzen. Die Kompetenzen werden an einer von fünf Tätigkeiten geprüft. Die unter § 15 Absatz 3 aufgeführten Tätigkeiten spiegeln die für die Ausbildung zum Tiefbaufacharbeiter und zur Tiefbaufacharbeiterin vorgesehenen Schwerpunkte wider.

Der Prüfungsausschuss wählt unter Berücksichtigung der schwerpunktmäßigen Ausrichtung des Prüflings eine der sechs Tätigkeiten aus.

Die Frage, welche Kompetenzen in der praktischen Prüfung und welche in der schriftlichen Prüfung abgeprüft werden, wird im Rahmen der Prüfungsaufgabenerstellung festgelegt.

Prüfungsbereich „Durchführen von Arbeiten im Tiefbau"

Im Prüfungsbereich „Durchführen von Arbeiten im Tiefbau" hat der Prüfling nachzuweisen, dass er in der Lage ist,

1. Arbeitsschritte zu planen sowie persönliche Schutzausrüstung auszuwählen,
2. Arbeitsplätze einzurichten und zu räumen,
3. Baustoffe und Bauhilfsstoffe zu unterscheiden, auszuwählen und einzusetzen sowie deren Mengen zu berechnen,
4. Werkzeuge und Maschinen zu unterscheiden, auszuwählen und einzusetzen,
5. ergonomische, ökologische und ökonomische Gesichtspunkte bei der Durchführung der Arbeiten zu berücksichtigen,
6. Pläne, Skizzen und Zeichnungen zu lesen und anzuwenden,
7. Längen, Höhen und Winkel sowie Punkte anzulegen, zu messen und abzustecken,
8. Bauwerke oder Bauteile herzustellen,
9. Bodenarten zu unterscheiden,
10. Verbau mithilfe von Grabenverbaugeräten zu beschreiben,
11. Leitungsarten zu unterscheiden,
12. offene Wasserhaltungen zu unterscheiden,
13. Gefahrstoffe in Bauprodukten zu unterscheiden, Schutzmaßnahmen zu ergreifen, Gefahrstoffe umweltgerecht zu lagern sowie
14. Arbeitsergebnisse zu kontrollieren sowie Maßnahmen zur Qualitätssicherung durchzuführen.

Für den Nachweis ist eine der folgenden Tätigkeiten (vom Prüfungsausschuss festgelegt) zugrunde zu legen:

1. Herstellen von Pflasterdecken, Plattenbelägen und Rinnen,
2. Herstellen von Pflasterdecken und Plattenbelägen sowie Versetzen von Einbauteilen,
3. Einbauen von Rohren und Formstücken,
4. Herstellen einer offenen Wasserhaltung oder
5. Durchführen einer Rammsondierung.

Prüfungsinstrumente	Prüfungszeit
Arbeitsaufgabe	6 Std.
Dokumentation mit praxisüblichen Unterlagen	
Schriftlich zu bearbeitende Aufgaben	60 Min.

4.1.2 Gesellen- oder Abschlussprüfung

In der Gesellen- oder Abschlussprüfung werden die Prüfungsbereiche „Herstellen von Baukörpern", „Durchführen von Tiefbauarbeiten" sowie „Wirtschafts- und Sozialkunde" zugrunde gelegt.

Im Prüfungsbereich „Herstellen von Baukörpern" werden die Kompetenzen in einer praktischen Prüfung an einer von vier möglichen Tätigkeiten geprüft (§ 19 Absatz 2). Der Prüfungsausschuss wählt die Tätigkeit aus. Dabei muss die schwerpunktmäßige Ausrichtung der Ausbildung des Prüflings berücksichtigt werden.

Prüfungsbereich „Herstellen von Baukörpern"

Im Prüfungsbereich „Herstellen von Baukörpern" hat der Prüfling nachzuweisen, dass er in der Lage ist,

1. Arbeitsabläufe zu planen und persönliche Schutzausrüstung auszuwählen,
2. Arbeitsplätze einzurichten und zu räumen,
3. Mengen von Baustoffen und Bauhilfsstoffen zu berechnen sowie Baustoffe und Bauhilfsstoffe einzusetzen,
4. Werkzeuge und Maschinen auszuwählen und einzusetzen,
5. ergonomische, ökologische und ökonomische Gesichtspunkte bei der Durchführung der Arbeiten zu berücksichtigen,
6. Pläne, Skizzen und Zeichnungen zu lesen und anzuwenden,
7. Längen, Höhen und Winkel sowie Punkte anzulegen, zu messen und abzustecken,
8. Bauwerke oder Bauteile herzustellen sowie
9. sowohl Zwischen- als auch Endergebnisse der durchzuführenden Arbeiten zu kontrollieren, zu bewerten und zu dokumentieren.

Für den Nachweis ist im Schwerpunkt Brunnenbau- und Spezialtiefbauarbeiten eine der folgenden Tätigkeiten (vom Prüfungsausschuss festgelegt) zugrunde zu legen:

1. Herstellen einer Bohrung und Führen eines Schichtenverzeichnisses,
2. Herstellen eines Verbauabschnittes,
3. Installieren einer Anlage zur Förderung von Suspensionen und Herstellen einer Suspension einschließlich Prüfung auf Gebrauchsfähigkeit oder
4. Installieren einer Anlage zur Förderung von Wasser und Herstellen eines Werkstücks zur Verwendung in einer Anlage zur Förderung von Wasser.

Prüfungsinstrumente	Prüfungszeit
Arbeitsaufgabe	7 Std.
Dokumentation mit praxisüblichen Unterlagen	

TF

Im Prüfungsbereich „Durchführen von Tiefbauarbeiten“ werden die Kompetenzen in einer schriftlichen Prüfung nach § 20 Absatz 2 anhand von Tätigkeiten aus zwei Bereichen geprüft:

1. Bereich Tiefbauarbeiten
   Im Bereich Tiefbauarbeiten wählt der Prüfungsausschuss vier von acht möglichen Tätigkeiten für die jeweilige Prüfung aus.
2. Bereich Schwerpunkt Brunnenbau- und Spezialtiefbauarbeiten
   Im Bereich Schwerpunkt Brunnenbau- und Spezialtiefbauarbeiten müssen sämtliche Tätigkeiten in der Prüfung berücksichtigt werden.

Prüfungsbereich „Durchführen von Tiefbauarbeiten“

Im Prüfungsbereich „Durchführen von Tiefbauarbeiten“ hat der Prüfling nachzuweisen, dass er in der Lage ist,

1. Aufträge zu erfassen sowie Arbeitsabläufe unter Beachtung technischer, wirtschaftlicher und organisatorischer Vorgaben zu planen,
2. persönliche Schutzausrüstung zu unterscheiden, auszuwählen und diesbezügliche Vorgaben zu erläutern,
3. das Einrichten oder das Räumen von Arbeitsplätzen unter Beachtung von Gefahrenbereichen auf Baustellen zu erläutern,
4. Baustoffe und Bauhilfsstoffe zu unterscheiden, auszuwählen, deren Mengen zu berechnen sowie die ökologischen Auswirkungen der Baustoffe und Bauhilfsstoffe zu erläutern,
5. Werkzeuge und Maschinen zu unterscheiden und auszuwählen,
6. bemaßte Skizzen anzufertigen,
7. Messgeräte zu unterscheiden und auszuwählen,
8. Gefährdungen bei der Herstellung von Baugruben und Gräben zu unterscheiden und entsprechende Sicherungsmaßnahmen auszuwählen,
9. den Baugrund zu beurteilen,
10. Verfahren zur sortenreinen Trennung und Lagerung von Abfall- und Reststoffen auf der Baustelle zu beschreiben und dabei kreislaufwirtschaftliche Gesichtspunkte zu berücksichtigen sowie
11. Maßnahmen zur Sicherheit und zum Gesundheitsschutz bei der Arbeit, zum Umweltschutz und zur Qualitätssicherung zu beschreiben.

Für den Nachweis sind vier Tätigkeiten aus dem nachfolgend aufgeführten Bereich Tiefbauarbeiten (vom Prüfungsausschuss festgelegt) und sämtliche Tätigkeiten aus dem Bereich Schwerpunkt Brunnenbau- und Spezialtiefbauarbeiten zugrunde zu legen:

Bereich Tiefbauarbeiten:

a) Beschreiben des Lösens, Lagerns, Transportierens und Einbauens von Böden,
b) Unterscheiden von Verbauarten,
c) Unterscheiden von Konstruktionen von Verkehrsflächen,
d) Unterscheiden von Konstruktionen für Infrastrukturleitungen,
e) Unterscheiden von Konstruktionen von Schachtbauwerken, Sonderbauwerken oder Konstruktionen mit Fertigteilen,
f) Unterscheiden von Wasserhaltungen,
g) Unterscheiden von Konstruktionen im Mauerwerksbau und im Beton- und Stahlbetonbau oder
h) Unterscheiden von Verfahren von Bohrungen;

Bereich Schwerpunkt Brunnenbau- und Spezialtiefbauarbeiten:

a) Zeichnen von Schichtenprofilen,
b) Unterscheiden von Verbauarten des Spezialtiefbaus,
c) Unterscheiden von Messungen in Bohrungen und Brunnen,
d) Unterscheiden von Verfahren zum Herstellen von Bohrungen im Brunnen- und Spezialtiefbau,
e) Unterscheiden von Aufbau- und Herstellungsverfahren der offenen und geschlossenen Wasserhaltung sowie
f) Unterscheiden von Suspensionsarten nach Anwendungszweck.

Prüfungsinstrument	Prüfungszeit
Schriftlich zu bearbeitende Aufgaben	120 Min.

Prüfungsbereich „Wirtschafts- und Sozialkunde"

Im Prüfungsbereich „Wirtschafts- und Sozialkunde" hat der Prüfling nachzuweisen, dass er in der Lage ist, allgemeine wirtschaftliche und gesellschaftliche Zusammenhänge der Berufs- und Arbeitswelt darzustellen und zu beurteilen.

Prüfungsinstrument	Prüfungszeit
Schriftlich zu bearbeitende Aufgaben	60 Min.

SP

4.2 Spezialtiefbauer/-in

Prüfungsform beim Ausbildungsberuf Spezialtiefbauer/-in ist die „Gestreckte Abschlussprüfung“. Beim Beruf Spezialtiefbauer/-in handelt es sich um einen Beruf im Bereich Industrie und Handel – deshalb wird eine Abschlussprüfung durchgeführt.
Bei dieser Prüfungsart (§ 44 BBiG) findet keine Zwischenprüfung statt, sondern eine Abschlussprüfung, die sich aus zwei bewerteten Teilen zusammensetzt. Teil 1 und Teil 2 werden zeitlich getrennt voneinander geprüft. Beide Prüfungsteile fließen dabei in einem in der Verordnung festgelegten Verhältnis in die Bewertung und das Gesamtergebnis der Abschlussprüfung ein.
In Teil 1 der „Gestreckten Abschlussprüfung“ wird ein Teil der beruflichen Handlungsfähigkeit festgestellt. Prüfungsgegenstand von Teil 1 sind die Fertigkeiten, Kenntnisse und Fähigkeiten, die bis zu diesem Zeitpunkt gemäß dem Ausbildungsrahmenplan zu vermitteln sind. Prüfungsgegenstand von Teil 2 sind die Inhalte der gesamten Ausbildung. Prüfungsinhalte aus Teil 1 sollten sich dabei in Teil 2 nicht wiederholen, da diese bereits als abgeprüft gelten.

<table>
<tr><th colspan="7">Spezialtiefbauer/-in</th></tr>
<tr><th colspan="7">Abschlussprüfung</th></tr>
<tr><th></th><th colspan="2">Teil 1</th><th colspan="4">Teil 2</th></tr>
<tr><td rowspan="2">Prüfungsbereiche</td><td colspan="2">„Herstellen von Baukörpern und Durchführen von Tiefbauarbeiten“</td><td rowspan="2">„Herstellen von Bauwerken und Bauteilen im Spezialtiefbau“</td><td rowspan="2">„Durchführen von Tiefgründungen und Baugrubensicherungen“</td><td rowspan="2">„Durchführen von Baugrundverbesserungen und Sonderverfahren im Spezialtiefbau“</td><td rowspan="2">„Wirtschafts- und Sozialkunde“</td></tr>
<tr><td>Erster Teil von Teil 1</td><td>Zweiter Teil von Teil 1</td></tr>
<tr><td>Prüfungsinstrumente</td><td>Arbeitsaufgabe, Dokumentieren mit praxisüblichen Unterlagen</td><td>Schriftlich zu bearbeitende Aufgaben</td><td>Arbeitsaufgabe, Dokumentieren mit praxisüblichen Unterlagen; Auftragsbezogenes Fachgespräch</td><td>Schriftlich zu bearbeitende Aufgaben</td><td>Schriftlich zu bearbeitende Aufgaben</td><td>Schriftlich zu bearbeitende Aufgaben</td></tr>
<tr><td>Prüfungszeiten</td><td>7 Std.</td><td>120 Min.</td><td>Arbeitsaufgabe und Dokumentation 14 Std.; Fachgespräch höchstens 30 Min.</td><td>90 Min.</td><td>90 Min.</td><td>60 Min.</td></tr>
<tr><td rowspan="2">Gewichtung</td><td>60 %</td><td>40 %</td><td rowspan="2">30 %</td><td rowspan="2">10 %</td><td rowspan="2">10 %</td><td rowspan="2">10 %</td></tr>
<tr><td colspan="2">40 %</td></tr>
</table>

[▲ Kapitel 2.1 „Paragrafen der Ausbildungsordnung“ Abschnitt 7]

Teil 1 der „Gestreckten Abschlussprüfung“ findet spätestens am Ende des zweiten Ausbildungsjahres statt. Das Ergebnis geht mit einem Anteil in das Gesamtergebnis ein – dieser Anteil ist in der Ausbildungsordnung festgelegt. Der Prüfling wird nach Ablegen von Teil 1 über seine erbrachte Leistung informiert. Dieser Teil der Prüfung kann nicht eigenständig wiederholt werden, da er ein Teil der Gesamtprüfung ist. Ein schlechtes Ergebnis in Teil 1 kann also nicht verbessert, sondern muss durch ein entsprechend gutes Ergebnis in Teil 2 ausgeglichen werden, damit die Prüfung insgesamt als „bestanden“ gilt.

Teil 2 der „Gestreckten Abschlussprüfung“ erfolgt zum Ende der Ausbildungszeit. Das Gesamtergebnis der Abschlussprüfung setzt sich aus den Ergebnissen der beiden Teilprüfungen zusammen. Bei Nichtbestehen der Prüfung müssen sowohl Teil 1 als auch Teil 2 wiederholt werden. Gleichwohl kann der Prüfling auf Antrag von der Wiederholung einzelner, bereits bestandener Prüfungsabschnitte freigestellt werden.

!

Ermittlung des Ergebnisses von Teil 1 der „Gestreckten Abschlussprüfung“:

Teil 1 besteht aus einer praktischen Prüfung (erster Teil von Teil 1 – Arbeitsaufgabe) und einer schriftlichen Prüfung (zweiter Teil von Teil 1 – schriftliche Aufgaben). Für jede dieser Aufgaben muss eine Note ermittelt werden. Dabei fließt die Note der praktischen Prüfung (erster Teil) mit 60 Prozent und die der schriftlichen Prüfung (zweiter Teil) mit 40 Prozent in die Note für Teil 1 der Prüfung ein.

Die Note für beide Teilbereiche von Teil 1 der Prüfung fließt am Ende der Ausbildung mit 40 Prozent in die Gesamtnote ein.

SP

4.2.1 Teil 1 der Gestreckten Abschlussprüfung

Im ersten Teil von Teil 1 werden im Prüfungsbereich „Herstellen von Baukörpern und Durchführen von Tiefbauarbeiten" die Kompetenzen in einer praktischen Prüfung anhand einer von vier möglichen Tätigkeiten geprüft (§ 78 Absatz 3). Im zweiten Teil von Teil 1 werden die Kompetenzen in einer schriftlichen Prüfung nach § 78 Absatz 4 anhand von Tätigkeiten aus zwei Bereichen geprüft:

1. Bereich Tiefbauarbeiten
   Im Bereich Tiefbauarbeiten wählt der Prüfungsausschuss vier von acht möglichen Tätigkeiten für die jeweilige Prüfung aus.

2. Bereich Brunnenbau- und Spezialtiefbauarbeiten
   Im Bereich Brunnenbau- und Spezialtiefbauarbeiten müssen sämtliche Tätigkeiten in der Prüfung berücksichtigt werden.

Prüfungsbereich „Herstellen von Baukörpern und Durchführen von Tiefbauarbeiten"

Im Prüfungsbereich „Herstellen von Baukörpern und Durchführen von Tiefbauarbeiten" besteht die Prüfung aus zwei Teilen.

Im ersten Teil hat der Prüfling nachzuweisen, dass er in der Lage ist,

1. Arbeitsabläufe zu planen und persönliche Schutzausrüstung auszuwählen,
2. Arbeitsplätze einzurichten und zu räumen,
3. Mengen von Baustoffen und Bauhilfsstoffen zu berechnen sowie Baustoffe und Bauhilfsstoffe einzusetzen,
4. Werkzeuge und Maschinen auszuwählen und einzusetzen,
5. ergonomische, ökologische und ökonomische Gesichtspunkte bei der Durchführung der Arbeiten zu berücksichtigen,
6. Pläne, Skizzen und Zeichnungen zu lesen und anzuwenden,
7. Längen, Höhen und Winkel sowie Punkte anzulegen, zu messen und abzustecken,
8. Bauwerke oder Bauteile herzustellen sowie
9. sowohl Zwischen- als auch Endergebnisse der durchzuführenden Arbeiten zu kontrollieren, zu bewerten und zu dokumentieren.

Für den Nachweis ist eine der folgenden Tätigkeiten (vom Prüfungsausschuss festlegt) zugrunde zu legen:

1. Herstellen einer Bohrung und Führen eines Schichtenverzeichnisses,
2. Herstellen eines Verbauabschnittes,
3. Installieren einer Anlage zur Förderung von Suspensionen und Herstellen einer Suspension einschließlich Prüfung auf Gebrauchsfähigkeit oder
4. Installieren einer Anlage zur Förderung von Wasser und Herstellen eines Werkstücks zur Verwendung in einer Anlage zur Förderung von Wasser.

Prüfungsinstrumente	Prüfungszeit
Arbeitsaufgabe	7 Std.
Dokumentation mit praxisüblichen Unterlagen	

Im zweiten Teil hat der Prüfling nachzuweisen, dass er in der Lage ist,

1. Aufträge zu erfassen sowie Arbeitsabläufe unter Beachtung technischer, wirtschaftlicher und organisatorischer Vorgaben zu planen,
2. persönliche Schutzausrüstung zu unterscheiden, auszuwählen und diesbezügliche Vorgaben zu erläutern,
3. das Einrichten oder das Räumen von Arbeitsplätzen unter Beachtung von Gefahrenbereichen auf Baustellen zu erläutern,
4. Baustoffe und Bauhilfsstoffe zu unterscheiden, auszuwählen, deren Mengen zu berechnen sowie die ökologischen Auswirkungen der Baustoffe und Bauhilfsstoffe zu erläutern,
5. Werkzeuge und Maschinen zu unterscheiden und auszuwählen,
6. bemaßte Skizzen anzufertigen,
7. Messgeräte zu unterscheiden und auszuwählen,
8. Gefährdungen bei der Herstellung von Baugruben und Gräben zu unterscheiden und entsprechende Sicherungsmaßnahmen auszuwählen,
9. den Baugrund zu beurteilen,
10. Verfahren zur sortenreinen Trennung und Lagerung von Abfall- und Reststoffen auf der Baustelle zu beschreiben und dabei kreislaufwirtschaftliche Gesichtspunkte zu berücksichtigen sowie
11. Maßnahmen zur Sicherheit und zum Gesundheitsschutz bei der Arbeit, zum Umweltschutz und zur Qualitätssicherung zu beschreiben.

Für den Nachweis sind vier Tätigkeiten aus dem nachfolgend aufgeführten Bereich Tiefbauarbeiten (vom Prüfungsausschuss festgelegt) und sämtliche Tätigkeiten aus dem Bereich Brunnenbau- und Spezialtiefbauarbeiten zugrunde zu legen:

Bereich Tiefbauarbeiten:

a) Beschreiben des Lösens, Lagerns, Transportierens und Einbauens von Böden,
b) Unterscheiden von Verbauarten,
c) Unterscheiden von Konstruktionen von Verkehrsflächen,
d) Unterscheiden von Konstruktionen für Infrastrukturleitungen,
e) Unterscheiden von Konstruktionen von Schachtbauwerken, Sonderbauwerken oder Konstruktionen mit Fertigteilen,
f) Unterscheiden von Wasserhaltungen,
g) Unterscheiden von Konstruktionen im Mauerwerksbau und im Beton- und Stahlbetonbau oder
h) Unterscheiden von Verfahren von Bohrungen;

SP

Bereich Brunnenbau- und Spezialtiefbauarbeiten:

a) Zeichnen von Schichtenprofilen,

b) Unterscheiden von Verbauarten des Spezialtiefbaus,

c) Unterscheiden von Messungen in Bohrungen und Brunnen,

d) Unterscheiden von Verfahren zum Herstellen von Bohrungen im Brunnen- und Spezialtiefbau,

e) Unterscheiden von Aufbau- und Herstellungsverfahren sowohl für offene als auch für geschlossene Wasserhaltung sowie

f) Unterscheiden von Suspensionsarten nach Anwendungszweck.

Prüfungsinstrument	Prüfungszeit
Schriftlich zu bearbeitende Aufgaben	120 Min.

4.2.2 Teil 2 der Gestreckten Abschlussprüfung

Im Prüfungsbereich „Herstellen von Bauwerken und Bauteilen im Spezialtiefbau" ist zu beachten, dass die Kompetenzen anhand der Tätigkeit „Herstellen einer Metallkonstruktion" sowie einer weiteren Tätigkeit geprüft werden. Die zweite Tätigkeit wird vom Prüfungsausschuss festgelegt.

Prüfungsbereich „Herstellen von Bauwerken und Bauteilen im Spezialtiefbau"

Im Prüfungsbereich „Herstellen von Bauwerken und Bauteilen im Spezialtiefbau" hat der Prüfling nachzuweisen, dass er in der Lage ist,

1. Informationen aus Zeichnungen für die Vorbereitung der eigenen Arbeiten zu erfassen,
2. Maschinen und Anlagen zu bedienen und instand zu halten,
3. Messungen in Bohrungen durchzuführen,
4. Arbeiten im Spezialtiefbau durchzuführen,
5. Aufmaße zu erstellen,
6. Qualitätssicherungsmaßnahmen durchzuführen, Arbeitsergebnisse zu beurteilen und zu dokumentieren sowie
7. die Vorgehensweise bei der Durchführung der Arbeitsaufgabe fachlich zu begründen.

Für den Nachweis ist die Tätigkeit nach Nummer 1 und eine der Tätigkeiten nach den Nummern 2 bis 7 (vom Prüfungsausschuss festgelegt) zugrunde zu legen:

1. Herstellen einer Metallkonstruktion sowie
2. Herstellen eines Kleinbohrpfahls einschließlich Dokumentation,
3. Herstellen eines suspensionsgestützten Hohlraums einschließlich Greifern und Anmischen und Verpumpen der Stützsuspension sowie Erstellen einer entsprechenden Dokumentation,
4. Herstellen einer Rückverankerung einschließlich Bohrung, Einbauen des Verankerungselements und Spannen sowie Erstellen einer entsprechenden Dokumentation,
5. Herstellen einer Bohrreihe mit Ausbau für Injektionsverfahren und Anmischen und Verpressen einer Mantelmischung sowie Erstellen einer entsprechenden Dokumentation,
6. Herstellen eines Bohrpfahls und Erstellen einer Dokumentation oder
7. Vorbereiten, Vermessen und Einbringen sowie Ziehen eines Spundwandabschnittes und Erstellen einer entsprechenden Dokumentation.

Prüfungsinstrumente	Prüfungszeit
Arbeitsaufgabe	14 Std.
Dokumentation mit praxisüblichen Unterlagen	
Auftragsbezogenes Fachgespräch*	höchstens 30 Min.

* Das Auftragsbezogene Fachgespräch findet im Anschluss an die praktische Prüfung statt. Es bezieht sich auf die Arbeitsaufgabe und unterstützt deren Bewertung; es hat keine eigenen Prüfungsanforderungen und erhält deshalb auch keine gesonderte Gewichtung. Es werden Vorgehensweisen, Probleme und Lösungen sowie damit zusammenhängende Sachverhalte und Fachfragen erörtert. Bewertet werden das methodische Vorgehen und Lösungswege und/oder das Verständnis für Hintergründe und Zusammenhänge.

SP

Prüfungsbereich „Durchführen von Tiefgründungen und Baugrubensicherungen"

Im Prüfungsbereich „Durchführen von Tiefgründungen und Baugrubensicherungen" hat der Prüfling nachzuweisen, dass er in der Lage ist,

1. Art und Umfang von Aufträgen zu erfassen sowie Arbeitsabläufe entsprechend der technischen Unterlagen zu planen und zu dokumentieren,
2. Gefährdungen auf Baustellen zu unterscheiden, Gefährdungsbeurteilungen umzusetzen und Schutzmaßnahmen auszuwählen,
3. verfahrenstypische Maschinen und Anbaugeräte zu unterscheiden und auszuwählen,
4. Protokolle zu erstellen,
5. Maßnahmen zur Baugrubensicherung zu unterscheiden,
6. Massen- und Baustoffberechnungen durchzuführen,
7. bemaßte Detailskizzen anzufertigen,
8. Messverfahren zu unterscheiden und auszuwählen,
9. Prüfverfahren zu unterscheiden und auszuwählen,
10. Einsatzmöglichkeiten von Spezialtiefbaugeräten sowie von Bohrwerkzeugen oder Greiferwerkzeugen zu unterscheiden,
11. das Herstellen von Bohrungen zu beschreiben,
12. das Herstellen von Pfählen zu beschreiben,
13. das Herstellen von Ankersystemen zu beschreiben,
14. eine geschlossene Wasserhaltung zu beschreiben sowie
15. Qualitätssicherungsmaßnahmen zu beschreiben.

Prüfungsinstrument	Prüfungszeit
Schriftlich zu bearbeitende Aufgaben	90 Min.

Prüfungsbereich „Durchführen von Baugrundverbesserungen und Sonderverfahren im Spezialtiefbau"

Im Prüfungsbereich „Durchführen von Baugrundverbesserungen und Sonderverfahren im Spezialtiefbau" hat der Prüfling nachzuweisen, dass er in der Lage ist,

1. besondere Maßnahmen für Arbeiten am und auf dem Wasser zu unterscheiden,
2. verfahrenstypische Maschinen und Anbaugeräte zu unterscheiden,
3. Verfahren zur Behandlung von Reststoffen zu beschreiben,
4. Suspensionsberechnungen durchzuführen,
5. bemaßte Detailskizzen anzufertigen,
6. Spezialtiefbauarbeiten in kontaminierten Bereichen zu beschreiben,
7. die Herstellung von Schlitzwänden oder Dichtwänden zu beschreiben sowie
8. Maßnahmen zur Baugrundverbesserung zu unterscheiden.

Prüfungsinstrument	Prüfungszeit
Schriftlich zu bearbeitende Aufgaben	90 Min.

Prüfungsbereich „Wirtschafts- und Sozialkunde"

Im Prüfungsbereich „Wirtschafts- und Sozialkunde" hat der Prüfling nachzuweisen, dass er in der Lage ist, allgemeine wirtschaftliche und gesellschaftliche Zusammenhänge der Berufs- und Arbeitswelt darzustellen und zu beurteilen.

Prüfungsinstrument	Prüfungszeit
Schriftlich zu bearbeitende Aufgaben	60 Min.

Rückfalloption:
Der Prüfungsbereich „Herstellen von Baukörpern und Durchführen von Tiefbauarbeiten" (Teil 1) ist identisch mit den Prüfungsbereichen der Gesellen- oder Abschlussprüfung im zweijährigen Beruf. Die sogenannte Rückfalloption ermöglicht eine Anerkennung der Prüfungsleistungen in der Teil 1 Prüfung als Berufsabschluss. Voraussetzungen sind:

- finales Nichtbestehen der Prüfung nach drei Jahren (auch unter Berücksichtigung von Wiederholungsprüfungen und mündlicher Ergänzungsprüfung),
- mindestens ausreichende Prüfungsleistungen in der Teil 1 Prüfung,
- mindestens ausreichende Prüfungsleistungen in Wirtschafts- und Sozialkunde und
- ein Antrag bei der zuständigen Kammer.

5 Links und Adressen

Links

Tiefbaufacharbeiter/-in (Schwerpunkt Brunnenbau- und Spezialtiefbauarbeiten)

Beruf im Überblick: ▸ Ausbildungsordnung ▸ Rahmenlehrplan, inkl. Entsprechungsliste (KMK) ▸ Zeugniserläuterungen	https://www.bibb.de/dienst/berufesuche/de/index_berufesuche.php/profile/apprenticeship/vcx111

Spezialtiefbauer/-in

Beruf im Überblick: ▸ Ausbildungsordnung ▸ Rahmenlehrplan, inkl. Entsprechungsliste (KMK) ▸ Zeugniserläuterungen	https://www.bibb.de/dienst/berufesuche/de/index_berufesuche.php/profile/apprenticeship/vgt159

Weitere Informationen

Modernisierung der Bauwirtschaftsberufe	https://www.bibb.de/de/182919.php
Leando	https://www.leando.de
Standardberufsbildpositionen (modernisiert 2021)	https://www.bibb.de/de/134898.php
Unterweisungspläne für überbetriebliche Ausbildungsstätten Heinz-Piest-Institut für Handwerkstechnik (HPI)	https://hpi-hannover.de/gewerbefoerderung/unterweisungsplaene.php
Hubbs – Der Hub für berufliche Schulen	https://hubbs.schule
KMK	https://www.kmk.org
Berufsbildungsgesetz (BBiG)	https://www.gesetze-im-internet.de/bbig_2005
Handwerksordnung (HwO)	https://www.gesetze-im-internet.de/hwo
Nachhaltigkeits-Navigator Handwerk	https://navigator.nachhaltiges-handwerk.de

Adressen

Bundesinstitut für Berufsbildung (BIBB)
Friedrich-Ebert-Allee 114–116
53113 Bonn
Tel.: 0228 | 107 0
https://www.bibb.de

Bundesministerium für Bildung und Forschung (BMBF)
Heinemannstraße 2 und 6
53175 Bonn
Tel.: 0228 | 99 57 0
https://www.bmbf.de

Bundesministerium für Wirtschaft und Klimaschutz (BMWK)
Scharnhorststraße 34–37
10115 Berlin
Tel.: 030 | 18 615 0
https://www.bmwk.de

Sekretariat der Ständigen Konferenz der Kultusminister der Länder in der Bundesrepublik Deutschland (KMK)
Taubenstraße 10
10117 Berlin
Tel.: 030 | 25 418 0
https://www.kmk.org

Kuratorium der Deutschen Wirtschaft für Berufsbildung (KWB)
Simrockstraße 13
53113 Bonn
Tel.: 0228 | 91 523 0
https://www.kwb-berufsbildung.de

Deutscher Gewerkschaftsbund (DGB)
Keithstraße 1
10787 Berlin
Tel.: 030 | 24 060 0
https://www.dgb.de

Deutsche Industrie- und Handelskammer (DIHK)
Breite Straße 29
10178 Berlin
Tel.: 030 | 20 308 0
https://www.dihk.de

Zentralverband des Deutschen Handwerks e. V. (ZDH)
Mohrenstraße 20/21
10117 Berlin
Tel.: 030 | 20619 0
https://www.zdh.de

Zentralverband des Deutschen Baugewerbes e. V.
Kronenstraße 55–58
10117 Berlin
Tel.: 030 | 20314 0
https://www.zdb.de

Hauptverband der Deutschen Bauindustrie e. V.
Kurfürstenstraße 129
10785 Berlin
Tel.: 030 | 21286 0
https://www.bauindustrie.de

Industriegewerkschaft Bauen-Agrar-Umwelt
Olof-Palme-Straße 19
60439 Frankfurt am Main
Tel.: 069 | 9 57 37 0
https://www.igbau.de